一輛運鈔車能裝多少錢？

輕鬆培養數感
別再被數字迷惑

普林斯頓大學教授
布萊恩・柯尼罕 著
Brian W. Kernighan

劉懷仁 譯

Millions, Billions, Zillions
Defending Yourself in a World of Too Many Numbers

三民書局

推薦序
不是數學沒用，而是你沒用數學啊！

黃光文　臺南市家齊高中數學科教師

　　我是一個高中數學老師，每次自我介紹完，聽到的回應通常會是「我以前數學最爛了」、「數學一直是我最害怕的科目」……如果聽到一次收 10 元，再拿著這些錢去買自己寫的書，那我應該可以霸佔暢銷榜很長一段時間。

　　身為一個數學老師，為了讓學生們不再如此害怕數學，我在看到相關書籍時，總會好奇它的內容是否有助於解決這個問題。而我又剛好一直很喜歡「美國有幾個鋼琴調音師？」這類開放性問題，因此當我看到《一輛運鈔車能裝多少錢？》這本書時，二話不說馬上閱讀起來。結果沒想到這本書除了我原本預想的內容之外，還給了我更多驚喜。

　　例如，當你卡在高速公路的車陣中動彈不得，心情煩悶地咒罵：「搞什麼，今天是不是所有人都把車子開出來了啊？」的同時，會不會也好奇路上到底有多少車子？除了上網查資料外，是否有一個簡單的估算方法？作者在書中一步一步演示了自己如何估算出答案。因為過程中沒有運用很艱深的數學原理，而且作者的思路出奇的簡單，我馬上試著模

仿了一下，來算算臺灣有多少汽車。

以一戶 4 個人來計算，我問了身邊的 10 戶親戚朋友，39 個人加起來共有 14 輛車，然後，我知道臺灣大約有 2 千 3 百萬人。將人口數除以 39 再乘以 14，得到 825 萬輛左右，再 Google 查證一下，發現和真正的數據蠻接近的 （截至 2023 年 3 月有 848 萬輛）。

書中還有不少很有趣的開放性估計問題，例如：

1. 一輛運鈔車可以運載多少現金？
2. 一輛校車可以塞進多少顆高爾夫球？
3. Google 團隊要在你的國家開多遠的路，才能拍攝所有街景服務的照片？
4. 在美式足球場，如果人和人維持正常距離站立，能夠容納多少人？

尤其是在看到第 4 題時，你應該會聯想到：各家媒體估計的示威或造勢活動參與人數。很多時候這些數據會被數學家打臉——現場應該是像競技啦啦隊一樣疊羅漢才有機會達到那個人數吧！

如果你不希望臉頰熱熱的，或是你希望估算人數時能言之有物，那麼本書會是很棒的訓練教材。

除了前面提到的開放性估計問題，書中也列舉了許多媒體犯下的錯誤，這也就帶到本書的另一個重點——「媒體識讀」。我常跟學生說，數據和媒體一樣，它們會說話，但不一

定會說實話。撇除少部分數據被刻意造假的情形不談，事實上媒體不用說謊，他們只需要提供呈現方式被「精心設計」過的數據，你就會自動把這些數據解讀成他們希望你看到的「事實」。

　　這些「精心設計」數據的方式，在日常生活中或職場上其實也很常被運用，例如：如果公司今年的營收增長率比去年低，有沒有不說謊又能讓報表好看一點的呈現方式？有的，只要用累積次數長條圖，數據看起來就會節節高升。你可能會想：「我又不用報告，那我還需要了解嗎？」當然要，因為不少媒體在報導中呈現的數據就是用這些方式設計出來的！唯有了解它，你才不會被呼攏。

　　數學是一個強大的工具，是這個世界的底層邏輯。而這本書像一個厲害的導演，他將鏡頭轉向一些你該注意到卻總是忽略的細節，就像書中提到的「數字麻木問題」——我們每天看到太多需要評估的數字，導致往往會忽略數字，或者只看到數字表面，而並未思考背後的意義。數學是你思考的Airpods，它可以幫你「主動降噪」，讓你更容易看清真相，並發現：「不是數學沒用，而是你沒用數學啊！」

目次

推薦序　不是數學沒用，而是你沒用數學啊！　黃光文

前　言　1

第1章　從這個問題出發　7

第2章　百萬、十億、無量大數　17
　2.1 戰備儲油可以支撐多久？　18
　2.2 這是怎麼回事？　20
　2.3 檢查單位　23
　2.4 結　論　26

第3章　大數字　29
　3.1 數字麻木　30
　3.2 我可以分到多少？　33
　3.3 巨大金融數字　37
　3.4 其他大數字　39
　3.5 視覺化與圖解說明　41
　3.6 結　論　43

第4章　百萬、吉、兆　45
　4.1 電子書有多大？　47
　4.2 科學記號　51
　4.3 錯亂的單位　54
　4.4 結　論　55

第 5 章　單　位 57

5.1 使用正確單位　58

5.2 反向推理　59

5.3 結　論　64

第 6 章　維　度 67

6.1 平方英尺和英尺的平方　68

6.2 面　積　70

6.3 體　積　73

6.4 結　論　76

第 7 章　里程碑 79

7.1 利特爾法則　80

7.2 一致性　84

7.3 其他例子　86

7.4 結　論　87

第 8 章　虛假精確 91

8.1 小心使用計算機　93

8.2 單位轉換　94

8.3 溫度轉換　101

8.4 排名問題　102

8.5 結　論　105

第 9 章 謊言、該死的謊言、統計數字 109

9.1 平均數和中位數 110

9.2 抽樣偏差 113

9.3 倖存者偏差 116

9.4 相關性和因果關係 117

9.5 結 論 118

第 10 章 圖表誤導 121

10.1 驚奇圖表 122

10.2 斷軸座標 126

10.3 圓餅圖 127

10.4 一維圖片 129

10.5 結 論 132

第 11 章 偏 見 137

11.1 這些數字是誰提出的？ 139

11.2 為什麼他們在意這些事？ 141

11.3 他們想要你相信什麼？ 142

11.4 結 論 146

第 12 章 算 術 149

12.1 算數學！ 150

12.2 約略算術和漂亮的數字 153

12.3 年率和終生率　154

12.4 2 的次方和 10 的次方　156

12.5 複利和 72 法則　158

12.6 指數成長中！　161

12.7 百分比和百分點　164

12.8 怎麼上去就怎麼下來，但狀況不同　166

12.9 結　論　168

第 13 章　估　算　171

13.1 先自己估算結果　172

13.2 練習、練習、再練習　175

13.3 費米問題　179

13.4 我的估計值　182

13.5 記住常用數字　185

13.6 結　論　187

第 14 章　自我防衛　189

14.1 認清敵人　190

14.2 注意資料來源　192

14.3 記住一些數字、事實和速算法　193

14.4 利用你的常識和經驗　194

延伸閱讀　197

圖片來源　200

前 言

「當你掌握了數字，閱讀數字就會像閱讀書中文字一樣容易，你閱讀的不再是數字，而是數字背後的意義。」
—— 杜波依斯 (W. E. B. Du Bois)，社會學家、
作家和民權運動者

「你不必是一名數學家，也能對數字有感覺。」
—— 奈許 (John Nash)，數學家、諾貝爾獎得主

「平均來說，人們看到數字時應該抱持更高的懷疑。他們必須要更積極了解如何操弄資料。」
—— 席佛 (Nate Silver)，統計學家

　　我們生活周遭到處都是數字。電腦以驚人速度產出數字，並透過政治人物、記者和部落客告訴我們。此外，大家每天會被無數廣告轟炸，而這些廣告中也都充斥著數字。我們每天接收到的數字數量如此之多，讓包含我在內大部分的人都無法應對，因此我們的腦袋索性就忽略了所有數字。我們充其量只會有個模糊印象，認為某件事物涉及數字，因此應該非常重要且值得相信。

　　然而，忽略數字並非長遠之計。大部分的數字都試圖說服我們相信某件事物，例如做出某些行為、信任某些政治人物、購買某件商品、吃某樣食物，或者進行某項投資。

　　本書的目標是幫助你評估每天都會看到的數字，並且在必要時計算出自己所需要的數字。有了這個能力，一方面可以讓你自行評估事物，另一方面也可以檢查別人提供給你的數字正確與否。你應該要能夠辨識出潛在的問題，並且不要將所有看到的數字照單全收。

　　本書將幫助你學會保持清晰腦袋，懷疑你看到的數字，並且能夠推論數字是否合理，判斷某些說法是否真實，亦或是大錯特錯，並且在必要時自行計算你所需要的數字，據此做出重大決策。本書主要使用的方法為，首先提供大家一些明顯錯誤或極可能錯誤的數字，並且演示如何推論出數字錯誤，然後幫助你學習如何自行得出更可靠的數字，最後再整理出一些通用結論。

　　一旦你擁有足夠的知識武裝，就有許多方法防衛自己，避免受到假數字誤導。首先最重要的就是常識，再加上合理的懷疑精神、基本的事實知識，以及一些推理的方法。只有極少問題需要精確的計算，因此如果你學會靈活使用約略算術，並且利用速算法讓計算更簡單，將能夠幫助你計算出需要的數字。本書將會依序提到相關內容。

　　本書的目標讀者是所有希望能更正確判斷資訊，並且在拿到其他人提供的資訊時，想要更謹慎判斷真假的人。現代社會中充斥著太多錯誤資訊和刻意誤導，如果我們想要發現錯誤資訊、徹徹底底的謊言，以及不易察覺的欺騙和誇大資

訊，就需要小心翼翼判斷資訊真偽。

書中提到的內容並非火箭科學這類專業知識，甚至根本算不上「數學」。我聽過無數人提過：「我數學一直都不好。」但其實這些人並非數學不好，真正的問題在於，他們並沒有得到良好的數學教育，而且沒有足夠機會，在日常生活中應用簡單的算術技巧。你只需要知道國小算術的基本加減乘除計算，就能夠讀懂本書內容。如果你擁有美國小學 5、6 年級，或者其他國家的同等學歷，就已經具備閱讀本書所需的能力和背景知識。除此之外，你只需要好好動腦思考，並且運用早已知道的知識，就足以學習本書內容。說不定你還會發現，閱讀過程十分有趣。

致　謝

我由衷感謝喬恩 (Jon Bentley)，他在我多份書籍草稿的每一頁都留下詳細的評論。正因為有了喬恩的幫忙，這本書才能呈現更好的內容給大家。

克尼根 (Paul Kernighan) 提供了許多不錯的例子，而他敏銳的鷹眼找到許多尷尬的錯別字和圖表錯誤，如果書中還有其他錯別字的話，你們就責備我吧。

我也很感謝以下許多人提供了有用的建議：Josh Bloch、Stu Feldman、Jonathan Frankle、Sungchang Ha、Gerard

Holzmann、Vickie Kearn、Mark Kernighan、Harry Lewis、Steve Lohr、Madeleine Planeix-Crocker、Arnold Robbins、Jonah Sinowitz、Howard Trickey 和 Peter Weinberger。還有普林斯頓大學出版社 (Princeton University Press) 的出版團隊：Lauren Bucca、Nathan Carr、Lorraine Doneker、Dimitri Karetnikov 和 Susannah Shoemaker，和他們合作非常愉快。

一如既往，我由衷感謝我的妻子梅格 (Meg) 在草稿上留下許多深刻的評論，以及多年以來不斷給予我支持、熱情和建議。

我也要感謝所有提供本書實例的報章雜誌，還要特別感謝《紐約時報》(*New York Times*)。報章雜誌有時會不小心犯錯，但隨後便會刊載更正啟事。現在這個時代有太多「假新聞」和徹徹底底的謊言，這些重視真相和準確資訊的資料來源實在太寶貴了。

millionsbillionszillions.com 網站提供了許多未收錄在本書中的例子，我也會慢慢加上更多例子。如果你有更多意見或想法都歡迎寫信給我，我很樂意收到你們的回饋。

第 1 章

從這個問題出發

「究竟到底是有多少車啊？」

——再次卡在無盡車陣中的作者本人

已經數不清到底多少次，每當我深陷大塞車中，只看到所有車子一動也不動，找不到車陣盡頭時，我就會問自己這個問題。過去幾年，無論在美國、加拿大、英國和法國，我都曾遇過塞車，你鐵定也曾遇過塞車吧。

所以到底有多少車呢？你可能會好奇前方道路有多少車、你居住的城市有多少車，或者國內總共有多少車。

停下來！不要拿手機或電腦，也不要問 Siri 或 Alexa。設想你處在一個不能問問題的環境：或許是塞在沒有手機訊號的郊區、坐在不能上網的飛機上，又或許是在面試中面試官想知道你能不能靠自己想出來。

圖 1.1：到底是有多少車啊？

你的任務是不查任何資料，自己想出合理答案。換句話說，需要給出一個**估計值** (estimate)。Dictionary.com 將「估計值」（名詞）定義為：「針對某事物價值、數量、時間、大小或重量，大概的判斷或計算結果。」而對「估算」（動詞）的定義則為：「針對價值、數量、大小、重量等等，提出大概的判斷或意見。」提出大概的判斷，就是最先應該要做的事。

先提出自己的估算結果

舉例來說，我們可以試著估算全美國有多少車。雖然在細節上可能會有些不同，但估算方法在全球各地都適用。

由下而上的作法通常比較簡單，也就是從你所知道或經歷過的具體事物開始，然後在這個基礎上建構出整體狀況。我會從自身的經驗開始：我有 3 個直系親屬，各自擁有 1 輛車。如果事情真的如此簡單——每個人都有 1 輛車。那麼我們已經能估算出結果。現今美國人口約為 3.3 億人，因此也會有 3.3 億輛車。在許多應用上，這個估計值已經足夠準確。

粗略的估算通常已經足夠準確

請注意，我們的估算結果基於兩件事實：根據個人經驗和知識，推論出每人擁有的車子數量；以及美國大約的人口

數量。接下來的整本書也都會看到，即使沒有詳盡的知識，也能估算出超乎預期準確的估計值。雖說如此，還是必須至少掌握一些數字。

知道越多，估算越準

3.3 億輛車這個估計值可能太多，畢竟不是每個人都有 1 輛車，例如，18 或 20 歲以下的未成年人、無法開車的長者，當然還有住在停車費昂貴但大眾運輸便利的大城市居民，都很可能沒有車。另一方面，有些人可能擁有超過 1 輛車，但這類人應該十分稀少。

將這些因素納入考量，就可以修正 3.3 億這個估計值，得出更準確的數字。如果全美國超過一半的人都擁有車子，或許甚至有 2/3 或 3/4 的人有車，則會得到更精準的估計值：2 億到 2.5 億輛車。

如有必要，讓估計值更準確

請不要忽略「如有必要」這件事。粗略的估計值在實際使用時往往已經綽綽有餘，而且有時根本就無法取得讓估計值更準確所需的資訊。在閱讀本書的過程中，會看到許多相關實例，而第 13 章還會提供一些建議和練習。

　　此外還會在一些例子中看到，人們提出的資訊超出他們可能知道的範圍，或者提出不可能達到的精確度，這些都透露出估算過程可能有蹊蹺。如果在採用別人的估計值前，已經自己先估算過，就會對不合理的估算結果有所警覺。

　　接下來利用電腦或手機查詢，就能夠比較我們的估計值和其他來源提供的數字。例如，維基百科 (Wikipedia) 上寫到：「2015 年美國估計共有 2.636 億輛已註冊的小客車。」Google 上點擊率最高的是一篇《洛杉磯時報》(*Los Angeles Times*) 的報導，報導指出全美共有 2.53 億輛車。我們的估計值確實很接近這些數字，令人感到振奮。

獨立估算結果應該會十分接近

　　對估算值有共識是個好跡象，除非每個人都犯了相同錯誤。然而，如果兩個獨立產生的估計值差異甚大，那鐵定至少有一個人，在估算過程中出了差錯。

　　現在已經得知汽車數量的合理數字，接下來就要想想相關問題。例如，一般車子 1 年會開多少英里？能夠開多久？每年總共賣出多少輛車？買 1 輛車要花多少錢？

　　一般車子 1 年會開多少英里呢？如前所述，從個人經驗或觀察開始估算會是個好方法。例如，假設你或某些家庭成員，每天要開車通勤來回各 20 英里，相當於 1 週要開 200 英

里，也就是 1 年 50 週約 10,000 英里。這個數字同樣會受到
許多變數影響：每個人通勤距離長短不同，有些人則會選擇
搭乘大眾運輸工具；有些人 1 週只工作 4 天，或是常去旅遊；
還有其他許多會一定程度影響估計值的因素，但大多數的影
響彼此間會互相抵銷。

過大或過小的數字很可能互相抵銷

　　我的汽車保單上提到，每輛家用汽車的保費，是根據每
天平均行駛 27 英里計算得出，乍看之下這個數字會讓人感到
奇怪。但 365 乘以 27 等於 9,855，非常接近前面估算的
10,000 英里。我懷疑這並不是巧合，保險公司十分清楚，每
年行駛 10,000 英里是個極具代表性的數字。

　　一輛車能開多久呢？過去幾十年來，我換過好幾輛車，
每一輛都開到快要解體才換，前一輛車的車齡達 17 年，里程
數達 180,000 英里。我一輛車開的時間很可能比一般人還要
久，因此可以取一個比較漂亮的整數，例如 100,000 英里或
10 年，當然這是非常粗略的估計值。那麼那些每隔幾年就會
換新車的人呢？這些人換車時，就會有人接手這些半新的二
手車，繼續使用到正常壽命年限，因此一輛車使用 10 年，依
然是合理的估計值。

　　每年總共賣出多少輛車呢？如果全美國有 2.5 億輛車，

每輛車都可以開 10 年，則每年會有 1/10 的車，約 2,500 萬輛退役 ；而如果每輛車可以開 15 年的話 ， 則每年會退役 1,600 或 1,700 萬輛車。

這是**守恆定律** (conservation law) 的其中一種例子：一輛車到達壽命年限後，通常會由另一輛新車替換。當然這是建立在穩定狀態的前提上，在人口不斷成長或經濟狀況不穩定時並不適用，但初步估算時，這是十分合理的假設。第 7 章中將會深入討論守恆定律。

守恆定律：淘汰一輛舊車就必須生產一輛新車

買一輛車要花多少錢？這道題就由你練習看看吧！你可以試著估算每開 1 英里需要花多少錢。花費可能包含汽油等變動成本、保險費等固定成本，以及維修費等意外成本，當然還有替換舊車購買新車的費用。

你或許已注意到，上述所有估計值的計算，都只需簡單的乘法和除法，此外還可以大膽四捨五入，讓計算更簡單。

乘法、加法和約略算術得出的估計值
已經足夠準確

上一段的說法適用於本書所有章節。我們並不是在算「數

學」，只是在用十分輕鬆的方法做國小算術而已。第 12 章會更深入討論**算術** (arithmetic)，並提出一些速算法和經驗法則，讓算術更容易。

　　本章中主要以汽車為例，或許你對汽車並沒有興趣，但即使沒有興趣，在之後的章節中，你會發現只要是使用**不完全資訊** (incomplete information) 估算任何狀況時 ，本章中提到的方法和技巧皆能適用。大多數的情況，只要上網查詢就能得到數字，但如果在求助搜尋引擎前，能夠先自行估算看看，將會帶給你莫大幫助。估算並不費時，而且很快就能熟練掌握。練習估算能讓你武裝自己，終生都會對別人告訴你的數字保持警惕。如果在接收到新資訊時，你已經自行估算出一些數字，並做了一些簡單算術，其他人就不太可能騙到你。

單位說明

　　由於我住在美國，因此本書中大部分的例子都來自美國。但我並不擔心只有美國的例子會過於狹隘，因為全世界無論任何地方都會出現類似狀況。

　　我比較擔心的是，許多例子中提到的測量單位，包含長度、重量、容量，都是使用**英制單位** (imperial units)。美國幾乎是唯一一個沒有採用**公制單位** (metric units) 的國家 ，幾乎所有測量值都使用英制單位 。不熟悉英尺、磅和加侖

的讀者，可能有時會因為英制單位而感到困惑。我會盡可能嘗試減少這些問題，但是否能正確掌握單位，往往是問題的重點。

　　在此也提供大家，本書中最常出現的英制單位，以及與公制單位間的概略換算。

　　1 英寸 (inch) = 2.54 公分；1 公分 = 0.3937 英寸

　　1 英尺 (foot) = 12 英寸 = 30.48 公分；

　　1 公尺 = 3.28 英尺 = 39.37 英寸

　　1 碼 (yard) = 3 英尺 = 0.9144 公尺；1 公尺 = 1.09 碼

　　1 英里 (mile) = 5,280 英尺 = 1,609 公尺；

　　1 公里 = 0.62 英里 = 3,281 英尺

　　1 盎司 (ounce) = 28.3 公克；1 公克 = 0.035 盎司

　　1 磅 (pound) = 16 盎司 = 453.6 公克；1 公斤 = 2.204 磅

　　1 美噸 (short ton) = 2,000 磅 = 907.2 公斤；

　　1 公噸 = 1,000 公斤 = 2,204 磅

　　1 美制濕量品脫 （US pint，下稱品脫）= 16 美制液量盎司 (fluid ounce) = 0.47 公升；1 公升 = 2.11 品脫

　　1 加侖 (gallon) = 4 夸脫 (quart) = 8 品脫 = 3.79 公升；

　　1 公升 = 0.26 加侖 = 1.06 夸脫

1 英畝 (acre) = 0.405 公頃；1 公頃 = 2.47 英畝

1 平方英里 = 640 英畝；1 公頃 = 0.0039 平方英里

華氏升高 1 度 = 攝氏升高 5/9 度；

攝氏升高 1 度 = 華氏升高 1.8 度

　　如果仔細觀察這些轉換，可以發現一些實用的近似值：

1 公尺 ≒ 1 碼

1 公斤 ≒ 2 磅

1 公升 ≒ 1 夸脫

攝氏升高 1 度 ≒ 華氏升高 2 度

　　這些近似值與真實數值誤差小於 10%。如果真的需要更準確的數字，可以這樣調整：

1 公尺 ≒ 1 碼 +10%

1 公斤 ≒ 2 磅 +10%

1 公升 ≒ 1 夸脫 +5%

攝氏升高 1 度 ≒ 華氏升高 2 度 −10%

　　調整過後的數值與真實數值誤差小於 1%，在計算估計值時，大部分的狀況下都已經足夠準確。

第 2 章

百萬、十億、無量大數

「或許布希 (George Bush) 政府可以動用 6,600 億桶戰
備儲油，來壓低石油價格。」
——《新聞週刊》(*Newsweek*)，2004 年 5 月 24 日

　　幾年前油價曾經一度高漲，雖說油價高漲，但價格依然
在 1 加侖（約 3.79 公升）2 美元以下，當時《新聞週刊》提
議增加汽油供給，希望能降低消費者的油價負擔。美國在德
州和路易斯安那州墨西哥灣沿岸的地下鹽穴中，藏有大量緊
急儲油。《新聞週刊》認為，如果釋出部分儲油到公開市場
中，就能增加供給，進而壓低油價。

　　除了儲油量外，這篇文章也提供了另一個實用數據：「每
輛車平均每年會消耗 550 加侖的汽油。」因此，我們自然會
想問，如果戰備儲油只用來滿足消費者需求的話，可以支撐
多久。你可以停下來花一點時間，先自己算算看。第一步可
以先試著將 1 年 550 加侖，轉換為更直觀的數字：將 550 加
侖除以 365 天，會得到 1 天約消耗 1.5 加侖的汽油。

2.1 戰備儲油可以支撐多久？

　　要回答這個問題前，需要先知道全美國共有多少輛車，
以及一桶油有多少加侖。

　　全美國有多少輛車呢？上一章計算得出，全美國約有 2

億到 2.5 億輛車。這個數字目前已經夠好，如果之後得到更
多資訊，還可以再進一步修正。

　　一桶油有多少加侖？這個答案較難得知，但如果想到建
築工地或垃圾場上，隨處可見的 55 加侖桶子，或是在派對或
餐廳後方有時會看到的啤酒桶，就可以根據這些資訊做出猜
測。因為無法確定油桶大小，就先當作一桶 55 加侖吧，如有
必要，之後還可以再回頭調整。

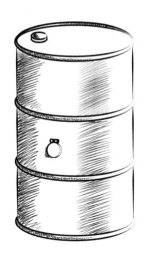

圖 2.1：一桶油有多少加侖？

　　將一桶油當作 55 加侖的其中一個原因，是因為計算上比
較簡單。如果每輛車一年使用 550 加侖，而一桶油為 55 加
侖，則得到每輛車一年會消耗 10 桶油。將 2.5 億輛車乘以每

輛車 10 桶油，會得到每年需要消耗 25 億桶油。因為車子數量和油桶大小都需要估算，所以這只是個粗略的估計值，但誤差應該不會太大。

《新聞週刊》指出戰備儲油共有 6,600 億桶，而我們計算出一年會消耗 25 億桶油。6,600 億除以 25 億會得到 264，也就是說計算結果得出，戰備儲油可以支撐 260 年之久！既然如此，美國還需要擔心石油供應問題嗎？看來美國完全無須受制於被戰爭和政治影響石油產量的這些麻煩國家，美國已經有太多石油了，不需要再向這些國家購買石油。

必定有些事情搞錯了。

2.2 這是怎麼回事？

如果我在課堂等公開場合談到這裡，就會有人提出質疑：「車子數量估得太少，沒有納入卡車和公車，這些車會消耗大量汽油」、「計算中沒有考慮到人口成長」、「油桶比你說的還要小」、「提煉過程無法 100% 將原油轉換為汽油」、「石油還會用在其他地方」。

這些論點都完全合理。但即使我估算錯誤，高估 2 倍、3 倍甚至 10 倍，結論依然不變：戰備儲油量十分充足，能夠支撐很長一段時間。有一項「嚴重錯誤」並非微幅調整就能夠修正。到底是怎麼回事呢？

幾星期後一切水落石出，《新聞週刊》刊登了更正啟事：「……先前我們的報導指出，戰備儲油量為 6,600 億 (660 billion) 桶，實際上應為 6.6 億 (660 million) 桶。」也就是說，《新聞週刊》弄錯**百萬** (million) 和**十億** (billion)，造成 1,000 倍的誤差，這問題可就大了。

我們可以使用正確數字重新計算一次，但其實沒有必要，只要將先前的計算結果 250 年除以 1,000 後，就能得到 0.25 年的正確結果。戰備儲油只能支撐 3 個月！動用戰備儲油頂多只能讓油價短暫微幅下跌，但不用多久就會將儲油耗盡。美國擔心石油問題完全合理，總統忽略《新聞週刊》的建議也十分明智。

順道一提，考慮動用戰備儲油的想法已經不是第一次出現。歐巴馬 (Barack Obama) 總統也曾在 2011 年考慮過動用戰備儲油。「商業內幕」(Business Insider) 網站在 3 月 7 日的一篇報導中寫到：「白宮似乎想要試圖藉由動用 8,000 億桶戰備儲油壓低原油價格。」相同報導在短短五段後，又再次提到戰備儲油為 7.27 億桶（正確數字），可以看出這篇文章是在倉促間拼湊得出，並沒有經過仔細校對。

人們經常搞混百萬 (million) 和十億 (billion)，頻繁程度令人驚訝，尤其十億可是整整比百萬大上 1,000 倍呢。我換個說法你就會更容易了解 1,000 倍代表的意義。設想你現在認為口袋中有 100 美元，而實際上你擁有 1,000 倍的錢，也

就是實際上有 100,000 美元，這麼多錢已經足以購買 1 輛豪車，甚至可以在美國某些地方買到 1 間普通公寓。另一方面，如果實際上僅擁有 1/1,000 倍的錢，也就是只有 10 美分，則什麼都買不起。

類似《新聞週刊》這樣的錯誤報導並不罕見。某個可靠又盡責查證的資訊來源，提出了一個巨大數字。某些人可能會根據報導採取行動，或者將報導分享出去；大部分的人可能會左耳進右耳出，聽過就忘了，可能只會隱約覺得應該要有人做點什麼。然而，如同大家看到的，只需要利用基本知識、粗略估算技巧，以及小學程度的算術能力進行分析，就能找出報導中的重大錯誤。

我們每天生活中所看到的數字，究竟有多少和《新聞週刊》出現一樣的錯誤，提出比正確數字大 1,000 倍或小 1,000 倍的數字，而誤導了閱聽大眾呢？至於那些更不公正可靠，僅僅為了兜售某些商品或想法的資訊來源，產出的錯誤報導更是不勝枚舉。

回顧一下我們該如何發現錯誤。第一步當然是需要有足夠的思考時間；然後粗估一些計算所需的合理數字；接著使用簡單算術得出結果，就會發現這個結果不可能成立。無論估算和算術有多麼粗略，都不可能得出與正確答案相差 1,000 倍的結果，因此原始報導中，一定有某些數字搞錯了。

本書接下來的內容中，在探索如何找出潛在問題、作出

合理估算、進行約略算術，以及如何從結論反向推理數字真
假時，也會不斷看到相同模式。

2.3 檢查單位

幾年前，我第一次思考關於數字自我防衛時，油價正在
急速飆漲。油價不斷漲上去，回檔一些，然後又再次上漲，
這樣的循環很可能會持續到人類不再需要化石燃料時才會停
止。能源是現今十分重要的議題，而且很可能會持續很長一
段時間，因此使用大數字討論油價和環境問題的這類報導數
不勝數。

如果一件事物同時有 2 個常用單位時，就很容易搞錯，
尤其如果其中一個單位在日常生活中很少使用，就會更容易
弄錯。2006 年 4 月 26 日，《紐約時報》的一篇社論指出：「戰
備儲油量為 7.27 億加侖。」而《紐約時報》在 10 月 3 日將
單位更正為「桶」。這個儲量數字比《新聞週刊》提出的數字
高了 10%。美國能源部官方網站 energy.gov 指出，戰備儲油
量略超過 7 億桶。這些來自不同資料來源和不同時間的數字
都十分接近，如此一致是個好現象。

一桶油有多少加侖呢？事實上，油桶比常見的 55 加侖桶
子還要小。《紐約時報》在 2010 年 6 月 9 日，也更正了一篇
墨西哥灣漏油的報導：「一桶油為 42 加侖，並非 42,000 加

侖。」這又是另一個差了 1,000 倍的數字。我們一開始估算油桶大小為 55 加侖，因此估計值並不正確，但也只差了 25% 或 30% (42/55 = 0.76；55/42 = 1.31)，加上其他數字也無法確定是否完全正確，整體來說問題並不大。

2010 年 4 月，「深水地平線」 (Deepwater Horizon) 鑽井平臺爆炸並沉沒，造成了前面提到的墨西哥灣漏油事件。漏油狀況整整持續了 3 個月，才得到了控制。在漏油的過程中，新聞媒體持續報導相關數據，但常常搞錯數字，甚至嚴重誤導閱聽人。

漏油狀況本身就已經十分糟糕，鑽井平臺的營運商和政府機構都無法準確估算漏油量，再經過媒體使用錯誤的單位和倍數報導後，數字就更加離譜了。例如，2010 年 5 月，《紐約時報》的一篇報導指出，鑽井平臺上儲存了 750,000 桶柴油，隨後「桶」很快就更正為「加侖」。

新聞特別喜歡報導石油。2008 年 1 月 4 日，紐華克《明星紀事報》 (The Star-Ledger) 報導：「(昨日) 呈現全球石油產量的地圖中，每日開採的原油量數字錯誤。地圖中所列出國家的原油開採量單位，應該是百萬桶而非十億桶。」

2008 年 3 月，《紐約時報》指出，美國人在 2007 年一共消耗了 33.95 億加侖汽油。全美國人口超過 3 億，這意味著每位美國人當年約使用了 10 加侖汽油，這個數字明顯過低，一輛車加滿一次油就不只 10 加侖。 如果單位使用桶而非加

侖，就會修正為每人每年 10 桶汽油，與先前計算出的數字相同。得出一致的數字，能夠有效幫助我們檢查數字是否正確。相較於差異極大的不同結果，如果獨立資料來源和計算得出相近答案，則非常可能就是正確答案。

同年，我們得知古巴的離岸石油儲存量為「2,000 萬 (20 million) 桶」，這個數字似乎太小，可以合理懷疑正確數字應該是 200 億 (20 billion) 桶。

2008 年 4 月，《紐約時報》的報導指出，墨西哥在 2007 年的石油產量，下降到約每日 31 億桶。全球有超過 70 多億人口，這個數字意味著光是墨西哥一個國家，就能產出全球人均每日半桶的產量！如果這個數字正確，石油產量會遠遠大於消耗量。當然隨後報導很快就更正了，原本的單位十億實際上是百萬。將加侖誤植為桶（相差 42 倍），或是將百萬誤植為十億（相差 1,000 倍），都是常見的錯誤。

我們要如何發現這類錯誤呢？如果知道一些相關事實，就會很有幫助。首先，我們已經得知，全美國約有 2.5 億輛車；再者，美國每年每輛車平均約會行駛 10,000 英里。汽車每加侖約可行駛 20 英里，因此每年約會消耗 500 加侖汽油，相當於 10 桶多的油。如果只知道部分數字，也能夠估算出其他數字。例如，每年開 10,000 英里是合理數字嗎？在第 1 章時提到，如果每週來回通勤 5 天，每趟開 20 英里，相當於每週開車 200 英里，如果每年通勤 50 週，就相當於行駛 10,000

英里。當然在不同國家某些細節數字會有所不同，例如歐洲的油價比較貴、開車距離比較短，而且也有更為方便的大眾運輸系統。

另一個常搞錯的就是時間單位。2007 年 2 月 12 日，《明星紀事報》刊登了一則更正啟示：「昨日一篇關於替代燃料的社論中，錯誤提到美國的汽車燃料使用量，在 10 年內會提高到每天 1,700 億加侖。正確內容應該是『每年』1,700 億加侖。」

信譽良好的新聞媒體，會盡全力報導正確內容，這些媒體會清楚發布錯誤更正，值得嘉獎。例如，2010 年 5 月，《華爾街日報》(Wall Street Journal) 刊登了一則更正啟事：「歐元區去年『每天』消耗 1,050 萬桶油。5 月 21 日『華爾街傳聞』(Heard on the Street) 專欄上，有一篇談論歐洲危機對大宗商品價格影響的文章中，錯誤提到歐元區去年消耗了 1,050 萬桶油。」搞混一天和一年會導致相差 365 倍的錯誤。

2.4 結 論

回顧本章中的例子，就可以找出一些理解媒體報導的數字的方法。

第一，了解一些事實的數字非常重要。例如，世界各地的人口有多少、生活中常見的物體有多大多重、某些事件發

生的頻率有多高等等。真實世界的經驗能夠帶來極大幫助，如果人生閱歷越豐富，就越能在需要時立即想出相關事實進行比對。網際網路上有許多寶貴的資訊，但我們並不一定隨時能上網，而且就算能上網，也不一定能找到準確的資訊。

　　第二，計算時並不一定要完全精確，精確的數字和概略的估算，都能得到合理的答案。如果計算用的資料存在 1,000 倍的錯誤，無論一桶油取 55、50 或 42 加侖，對最終結果的影響都微乎其微。因此，將計算用的資料四捨五入到 5 或 10 的倍數，並不會造成嚴重問題，而且我們通常也會採用較簡單的計算方法。實際上，如果某些四捨五入的估計值高估，很可能會有另一些估計值低估，因此結果很可能自然而然靠近合理數字。

　　第三，我們可以利用結論，反向推理假設和現有資料。如果某些數字為真的話，例如戰備儲油足足可以用 250 年，這代表什麼意義呢？如果這些數字延伸出來的意義十分荒謬或完全不可能為真，就代表一定有什麼地方出了差錯，因此我們就能回頭找出問題所在。

　　第四，我們可以尋找不同獨立計算或資料來源的相關數據是否一致。如果計算出同一事件數字的方法有很多種，則不同方法計算出的數字應該要相當接近，如果相差太大，則一定有某些地方出了差錯。本章中的例子可以看到，不同計算方法都同樣得出，美國一輛車一年行駛的平均里程數為

10,000 英里。如果其中一種算法得出平均值為 1,000 英里，另一種算法得出 100,000 英里，則至少會有一個方法有問題。

　　最後也是最重要的一點，使用大腦思考很重要。我們需要思考數字背後代表的意義是否合理，是不是有什麼地方怪怪的，而不是只看到數字表面，或是不假思索就照單全收。本章的思考方法，稍微練習一下就能輕鬆上手。學會判斷數字是否合理，可以讓我們更有自信自己進行估算，並且有能力評估報紙、電視、廣告、政治人物、政府機構、部落客，或者任何網站上出現的數字。

第 3 章

大數字

「無量大數 (zillion)：泛指非常大的數字，數學上並未
明確定義。」

——Wolfram.com 網站

　　大多數人並無法直接感受到幾億或幾兆有多大，就連我
也不例外，通常只會認為這些數字「很大、非常大、超級
大」。多年來，我收集了數以百計新聞報導或雜誌文章使用錯
誤數詞的例子。事實上，只要上網搜尋「百萬，非十億」
(millions, not billions)，就能找到一大串的更正啟事，可想而
知，鐵定還有很多根本沒人注意到的錯誤數詞。

　　這些「大數字」通常會出現在商業和金融（一大筆錢）、
政府（一大筆預算或赤字）、政治（一大筆政策支票），以及
社會議題（一大群人或一大堆巨大問題）。本章中將會探討一
些例子，討論如何縮小這些大數字，讓大數字變得有意義。

3.1 數字麻木

　　2008 年 9 月，美國金融危機正值高峰（或者準確來說是
跌到谷底）時，部落客比肯邁爾 (T. J. Birkenmeier) 發表了一
篇文章，提出了他稱為「比肯經濟復甦計畫」(The Birk
Economic Recovery Plan) 的有趣想法，一字不漏的原文如下：

「我反對美國國際集團 (American International Group,
AIG) 提供的 85,000,000,000.00 美元經濟援助。反之,
我贊成將 85,000,000,000.00 美元以『人們應得的紅利』
形式,發放給所有美國人。簡單計算可以得到以下結
果。假設美國共有 200,000,000 名 18 歲以上合法公民。
算上所有男人、女人和小孩,美國人口約有 301,000,000
人上下。因此 18 歲以上成年人估算為 200,000,000 名
十分合理。 將 850 億 (85 billion) 美元除以 2 億 (200
million) 名成年人,會得到 425,000.00 美元。」

比肯邁爾的計畫引起了廣大迴響,許多人對金融機構完
全沒有達成信託責任 (fiduciary duty,受委託代表客戶的個
人或組織,應以客戶利益為優先,有責任保持誠信原則),燃
起了一股民粹主義的憤怒,因此這篇部落格文章引發了熱烈
討論。常見的留言如下(依然為逐字引用):

「只要聽聽一般有良好常識公民的意見,就會感覺國
會議員和經濟學家還像在讀小學。這篇文章就是最佳
例子!」
「我真的超喜歡這個計畫!」
「想法很有趣。理所當然,政治人物從來都不可能實
行如此合理的計畫。」

「完美解決方案。聽起來很合理，對吧？」

「我明天就投票給這個人！」

「喔！聽起來這個計畫輕易就能達成！」

「這個點子超棒！我不知道比肯這傢伙是誰，但我會投他當總統。」

還有讀者根據自己的計算結果，提出了不同評價：

「這個計畫行不通的原因只是因為數學問題。850 億除以 2 億等於 4,250。」

「提出這個計畫的人需要買一臺計算機……正確數字跟每人 42,500 美元可差得遠了……發給 2 億人每人 42,500 美元需要 8.5 兆美元。」

只有少數幾位留言的人仔細閱讀了文章，並且做出正確計算：

「嗯，我算了算，只有 425.00 美元。可以讓你繼續抽你喜歡的菸。」

比肯邁爾本人出來澄清：這篇文章只是一個實驗，而且實驗成功證明了他的論點：

「我想看看到底有多少人會真的自己計算過。因此我
將以下貼文，隨機傳送給我的 100 個朋友。我想看看
有多少人會發現，我刻意留下的 3 位數錯誤……就只
有 3 個小小的 0 而已。目前只有 2 個人真正計算了數
字，並且告訴我發現了錯誤。……所以重點是什麼呢？
我們都對數字麻木了。只有極少數人會親手計算，就
算是很聰明的人，也很少真正實際計算數字。」

數字麻木問題存在許多人身上——我們每天看到太多需
要評估的數字，導致往往會忽略它們，或者只看到數字表面，
並未思考背後的意義。就算我們真的空出時間且願意計算，
計算錯誤也會加劇問題。

因為大數字不夠直觀，因此我們需要把大數字縮小，將
這些數字轉換到我們能夠理解的數值範圍內。

3.2 我可以分到多少？

有一個方法可以將國債或企業收購金額等大數字，縮小
到一般人可以理解的數值範圍，那就是使用人均或每戶家庭
平均金額來描述。例如，2010 年 10 月 24 日，《紐約時報》
的一篇社論指出：「年度預算赤字達到 13 億美元。」 假設
2010 年時美國共有 3 億人，如果你住在美國的話，則你分到

的債務為 13 億除以 3 億，相當於 13 除以 3，也就是略多於
4 美元。

若是如此，我想提供 2 個能夠減少，甚至完全消除赤字
的方案。第一，規定某一天為「不喝昂貴咖啡日」。那天大家
不要喝昂貴的咖啡和吃鬆餅，改為每人寄 4 美元到華府。只
要小小犧牲一天的咖啡，就能幾乎無痛消除赤字。

或者可以找一些熱心公益的億萬富翁，例如在金融海嘯
期間賺得盆滿缽滿，願意直接捐款解決赤字的銀行家或避險
基金經理人。

我的方案有什麼問題嗎？此處「這對我個人的意義是什
麼」的方法就派上了用場。計算得出的 4 美元數字很小，已
經在一般人能夠理解的數值範圍。然而這個數字完全不合理，
如果政府赤字這麼容易解決，那早就應該解決了，一定有什
麼地方弄錯了。這裡明顯是將一兆 (trillion) 誤植為十億
(billion) 了：財政赤字應該是 1.3 兆 (1.3 trillion)，而非 13 億
(1.3 billion) 美元，也就是人均 4,000 美元，大家不太可能會
願意寄這麼多錢給華府。

再看看另一個例子。如果美國政府的財政預算為 3.9 兆
美元（接近 2016 年的預算），而且美國人口為 3 億人，則人
均預算為 3.9 兆美元 /3 億人。如果單位相同計算上會比較容
易，因此可以先將兆轉換為億：3.9 兆美元等於 39,000 億美
元。39,000 億美元除以 3 億人會得到人均 13,000 美元。如果

典型的家庭有 4 個人，相當於每戶家庭平均 52,000 美元。

你能想像你一個人繳納的稅金，就足以支付你所分配到的預算支出嗎？某方面來說，透過各種個人所得稅和公司稅，加上不同收入層級的納稅人，繳納金額天壤之別的稅金，我們的確繳了這麼多錢給政府。至少上面算出的人均金額，還在能夠理解的數值範圍內，這是個好消息。

當然，進行這類計算前，需要先知道相關的人口數資料，這就是為什麼我們應該要記住一些概略數字，包含全球人口（2017 年約為 75 億人）、國內人口（中國 14 億人、歐盟 5 億人、加拿大 0.36 億人等等）、所在州或省的人口（例如：加州 4,000 萬人、安大略省 1,400 萬人等等），或許也可以記一下你所居住鄉鎮或城市的人口（普林斯頓 3 萬人、波德 10 萬人、舊金山 80 萬人、倫敦 900 萬人、北京 2,200 萬人等等）。這些都是不斷變動數字的近似值，但已經足夠用來計算過去和未來幾年的人均預算、赤字、稅金等等資訊。

2007 年 8 月，《紐約時報》指出，2000 年至 2005 年間，所有美國人的收入加總，一年平均為 74.3 億 (7.43 billion) 美元。這個數字合理嗎？這意味著平均家庭收入為，70 億美元除以約 1 億個家庭，也就是每戶家庭平均約 70 美元，即使是在經濟危機期間，這個數字也明顯不合理。原始的數字應該是 7.43 兆 (7.43 trillion) 美元，整整相差了 1,000 倍，計算出的平均家庭收入會來到 70,000 美元，看起來數字有點高，

但應該與實際數字相差 2 倍以內。第 9 章中會解釋，為什麼在數值分布範圍很廣時（例如：每個家庭的收入可能差異甚大），就不適合使用**算術平均數** (arithmetic average) 來描述。

當然，美國並非全球唯一出現過金融問題的地方；歐盟也曾援助過許多脆弱的經濟體，同樣的巨大金融數字和巨大錯誤也都出現過。《紐約時報》在 2010 年 5 月 25 日的報導指出，援助計畫金額為「7,500 億 (750 billion) 歐元，而非 7.5 億 (750 million) 歐元」。歐盟人口約為 7.5 億人，如果經濟援助計畫真的只需要每人出 1 歐元，那應當輕而易舉就能達成。

再舉最後一個例子，我最近造訪的一個網站指出：「美國人每年花費 17 億美元治療慢性疾病。」看起來似乎每人每年要負擔 5 美元的慢性疾病治療費用，是吧？在大多數的國家，治療慢性疾病的費用都佔了醫療保健支出的一大部分，美國也不例外。美國對醫療保健的補助方式，總有層出不窮且充滿意識形態的激烈爭論。如果每人每年的平均花費僅 5 或 10 美元，或許爭論就能輕鬆化解。不幸的是，實際支出為 1.7 兆 (1.7 trillion) 美元，而非 17 億 (1.7 billion) 美元。如果每人每年支出為 5,000 或 10,000 美元，金額之大當然足以引發爭論，你應該也能大概看出，醫療保健支出對比年收入和每年稅收的相對大小關係。

3.3 巨大金融數字

金融產業充斥著大數字，金融機構每年銷售價值數十億的商品和服務，金融機構本身也以數十億價格在市場上交易。許多富豪的富有程度，也必須以億為單位測量。2017 年《富比士》(*Forbes*)「全球富豪榜」(The World's Billionaires) 總共列出了 2,043 人！2010 年時還僅有 937 人。我最後一次查到的資料中，亞馬遜 (Amazon) 創辦人貝佐斯 (Jeff Bezos) 身價接近 1,300 億美元、比爾蓋茲 (Bill Gates) 約 900 億美元、巴菲特 (Warren Buffett) 約 840 億美元，現在他們的身價很可能又超越當時。

我有生之年根本不用擔心自己會成為億萬富翁，我相信你應該也一樣。雖然只有極少數人能擁有如此巨大的財富，但「這對我個人的意義是什麼」的推論方法，同樣也可以用來評估巨大金融數字。

《紐約時報》在 2006 年 5 月的一篇文章指出，《費城詢問報》 (*The Philadelphia Inquirer*) 和 《每日新聞》 (*Daily News*) 的出售價格， 預計會在 600,000 美元左右。 雖然我付不起這個價格，但顯然這個價格落在一般人有機會買得起的範圍內。如果能夠買下 《費城詢問報》 這家 1829 年開始發行，頗具聲望的大報，鐵定能讓你驕傲誇耀：「太棒了，我擁有 《費城詢問報》 了。」但現在你應該能嗅到一絲不對勁，

實際的價格應該是 6 億美元，完全打碎了我建立個人媒體帝國的希望。

「媒體每日新聞」(Media Daily News) 網站上的 「論媒體」(On Media) 專欄，於 2008 年 2 月指出，MySpace 估計的價值為 1,000 萬 (10 million) 美元 ， 對多數人來說完全買不起，但對一小群有錢朋友組成的財團來說，完全可以負擔。正確的數字是 100 億 (10 billion) 美元。詢問自己「我個人能夠負擔得起嗎？」往往是有效發現數字錯誤的方法。

然而 MySpace 之後確實經歷了低潮，僅僅幾年後，實際上只以 3,500 萬美元轉手，或許原本的文章只是先預知了未來，而非相差了 1,000 倍。

《商業日報》(*Business Day*) 2005 年的一篇有關 「威訊無線」(Verizon Wireless，美國行動網路營運商) 的文章指出，沃達豐 (Vodafone，英國一家跨國電信公司) 希望以 2,000 萬 (20 million) 美元的價格 ， 收購威訊無線 45% 的股票。 對照 2008 年有一篇文章提到 ， 威訊 2007 年的營收為 9,340 萬 (93.4 million) 美元 ， 則上述收購價格完全符合營收水準。雖然推論數字是否合理時，不同獨立資料間出現合理一致通常是個好消息，但不幸的是，這兩個數字實際上都弄錯了 ， 應該分別為 200 億 (20 billion) 和 934 億 (93.4 billion) 美元。

上述提到幾家你曾耳聞過的大公司，卻出現低到離譜的

價格和營收，接下來要舉幾家你從未聽過的公司，卻出現高
到離譜的營收數字。2010 年 3 月，美聯社 (Associated Press)
在《西雅圖時報》(Seattle Times) 上報導了索尼克公司 (Sonic
Corporation)，報導指出索尼克當年的營收達 1,128 億 (112.8
billion) 美元，這個數字遠遠超出同樣位在西雅圖的幾家知名
公司：微軟 (Microsoft) 和亞馬遜。隨後的更正啟事將數字修
正為 1.128 億 (112.8 million) 美元。

　　舉一個我家鄉的例子，2008 年我家當地的報紙報導指
出，附近獸醫診所的「預估每年收取的診療費為 1,800 萬 (18
million) 美元，而非 180 億 (18 billion) 美元」。這件事之所以
引起我的注意，是因為我確實曾經帶我們家的貓到診所接受
治療。獸醫診所看起來並不像一家營收好幾十億的企業，但
確實收了我一大筆費用。

3.4 其他大數字

　　並非所有大數字都和金錢有關。例如，2008 年 3 月，《紐
約時報》指出「印度使用動物糞便和木材生火做飯的人……
約為 7 億人，而非 700,000 人」。如果對印度不是很熟的人，
對這兩個數字同樣都會感到驚訝，一般人可能會認為人數應
該位於這兩個數字之間。

　　大約同一時間，一篇報紙的報導「誤植了南美洲天主教

徒的人數，應為 3.24 億人，而非 324,000 人」。324,000 人這個數字顯然不合理，原因是南美洲大多數的人都來自西班牙和葡萄牙，兩國大多數的人都信奉天主教。

物理界充滿了許多大小數字，因此也常常會出現錯誤。如果熟知一些事實將會帶來莫大幫助，例如，宇宙年齡（約 140 億年）、地球與月球的距離（240,000 英里或 380,000 公里）、地球與太陽的距離（9,300 萬英里或 1.5 億公里）、環繞地球一圈的距離（25,000 英里或 40,000 公里），以及橫跨你所在國家的距離。光速（每秒 186,000 英里或 300,000 公里）和音速（每秒 1,120 英尺或 340 公尺）也是值得牢記的實用數字。

「科學家現今認為，宇宙大霹靂（Big Bang）發生在 137 億年前，正負 1.5 億年，而非正負 150,000 年。」《舊金山紀事報》（San Francisco Chronicle）在 2006 年 1 月，一篇關於兩顆銀河系恆星的報導中提到，其中一顆恆星的年齡為 3 億（300 million）年，而非 3,000 億（300 billion）年。如果你知道一些關鍵數字，就更容易察覺某些相差千倍的錯誤。

請注意，反向推理以及放大或縮小數字，都是極具價值的工具，但並無法找出所有數字錯誤問題。例如，2018 年 2 月 27 日，《紐約時報》刊登了一則更正啟事：「週日一篇關於巴菲特寫給波克夏（Berkshire Hathaway）股東的年度公開信中，誤植了波克夏 2017 年的淨值（book value）。淨值上升到 3,480 億美元，而非 3,580 億美元。」雖然 100 億美元十分

巨大，但誤差百分比太小，不到 3%，一般讀者無法察覺。
好在《紐約時報》十分謹慎，即使再微小的錯誤也會修正。

3.5 視覺化與圖解說明

記者喜歡使用視覺圖像，嘗試傳達大小或比例的印象，
例如以下來自《紐約時報》在 2000 年 8 月的報導，描述了有
問題的汽車輪胎的大規模召回事件：「如果目前召回的 650 萬
顆泛世通 (Firestone) 輪胎堆成一疊，則可以堆成一根高達
949 英里的柱子。」

這個計算結果準確嗎？一起想想看吧。如果輪胎平放且
每顆輪胎寬 1 英尺，650 萬顆輪胎堆成的柱子將會高達 650
萬英尺。將 650 萬除以 5,280（5,280 英尺等於 1 英里），或者
可以簡單計算 600 萬除以 5,000，計算結果都接近 1,200 英
里。如果輪胎寬度改為 9 英寸，也就是 3/4 英尺，則高度也
會變成 1,200 英里的 3/4，也就是 900 英里。因此計算結果正
確，但是過度精確。第 8 章中將會回頭討論這個主題。

我並不認為像這樣的視覺化方法，能夠幫助到讀者，這
樣依然只能傳達某些數字「很大」或「非常大」的印象。不
然說說看，你想像中一根高 949 英里的柱子是什麼樣子？(參
考圖 3.1)

如果視覺化能夠將資料轉換成人們容易聯想的範圍，那

狀況又不同了。這次不要用不太可能堆出來的輪胎柱，可以改成「全美國有 33,000 萬人，召回了 650 萬顆輪胎，因此約每 50 人就會交回 1 顆輪胎」。這樣的說法就比較容易想像：在有 50 個人的公車、商店或教室中，就會有 1 人要交回 1 顆輪胎。

圖 3.1：許多輪胎堆

視覺化需要建立在閱聽人對畫面十分熟悉的基礎上，但實際情況並非總是如此。電視新聞報導描述一艘船「接近 3.5 座（美式）足球場長」，這樣狹隘的畫面，對美國以外的人來說幫助並不大，說不定直接說「350 碼（320 公尺）長」還比較清楚。

美國人特別喜歡使用橄欖球場 (football) 來當作比喻。一篇有關開車時傳送簡訊存在風險的文章提到:「傳送或接收簡訊的駕駛人,會將視線離開道路約 5 秒。如果以行駛高速公路的速度計算,這段時間已經足以讓車子開超過一座橄欖球場的距離。」如果你不清楚一座橄欖球場有多大,就不會知道到底開車傳簡訊的影響有多大。當然,無論一座橄欖球場有多大,將視線離開道路 5 秒感覺都很糟糕。雖然「football」在美國指的是橄欖球,在其他地區則是指英式足球（美國稱英式足球為 soccer）,但英式足球場僅僅比橄欖球場稍微大一點,因此這樣描述大部分的人也都能理解。

3.6 結 論

2002 年諾貝爾經濟學獎得主 ,《快思慢想》 (*Thinking, Fast and Slow*) 作者康納曼 (Daniel Kahneman) 曾說過:

「人類無法理解極大或極小的數字。承認這件事實能帶來許多好處。」

其中一個最有效能了解大數字的方法,就是試著縮小大數字,例如,詢問你能分配到大數字中的多少,或者大數字對你的家庭或其他小群體會造成什麼影響。沒有人能夠真正

感受到 1 兆美元預算到底有多少，但你可以合理提出每人分配到的預算約為 3,000 多美元，這個數字會更直觀。

視覺化大數字的效果好壞參半。某些情況下效果卓越，但許多情況下，僅僅是使用同樣難以理解的圖像，取代難以理解的數字罷了，例如前面提到堆起來像一根長柱子一樣多的輪胎，或是到月球旅行那麼遠的距離這類說法。而且如果視覺化是建立在文化相關的參照物上，例如橄欖球場，因而無法良好轉化原始數字，就更難幫助到閱聽人了。

第 4 章

百萬、吉、兆

「ZB（zettabyte，皆位元組）相當於 10 億兆位元組：
1 後面帶了 21 個 0。1 ZB 相當於可以儲存美國國會圖
書館 (Library of Congress) 所有藏書量的 1,000 億倍。」
——《紐約時報》，2009 年 12 月 10 日

　　科技帶來了許多大數字，大多數都以陌生單位表示，因
此又多了另外一組大單位：M（mega，百萬）、G（giga，吉）
和 T（tera，兆），這些單位日常生活中就會用到，而更大的
單位：P（peta，拍）和 E（exa，艾）現在也會時不時出現。
現今電腦和智慧手機非常普及，因此我們早已習慣 GB
（gigabyte，吉位元組）和百萬像素 (megapixel) 等單位。然
而，這些前綴單位經常使用在位元組 (byte, B) 這類無形實體
上，相較於更常見的十億 (billion) 和兆 (trillion) 來說，我們
更難理解這些單位的意義。

　　這裡幫大家統整一下，通常會使用 K（kilo，千）代表
一千、M 代表一百萬、G 代表十億、T 代表一兆。如果你想
要為未來的科技發展進一步做好準備，接下來的單位依序為：
P、E、Z（zetta，皆）和 Y（yotta，佑）。依序後者為前者的
1,000 倍。

　　電腦的速度極快，並且由微小元件組成，也同樣有一系
列相對應代表小數量和小尺寸的前綴單位，往往更令人陌生：
m（milli，毫）、μ（micro，微）、n（nano，奈）和 p（pico，

皮），分別代表千分之一、百萬分之一、十億分之一和一兆分
之一。這些前綴單位通常使用在長度和時間上，例如毫公尺
(millimeter, mm) 和奈秒 (nanosecond, ns)。

大多數人對這些微小單位毫無感覺，也不知道提供這些
數字的人是根據什麼資料算出來的，因此只能任由資訊提供
者擺布。以下是幾個能帶給你啟發的例子。

4.1 電子書有多大？

幾年前的聖誕節前夕，贈送亞馬遜 Kindle 或其他新推出
的電子書閱讀器作為禮物蔚為風潮，甚至聽說蘋果公司
(Apple) 也將推出平板裝置（iPad 在 2010 年 1 月下旬發布，
但一直到 3 月才上市）。2009 年 12 月 9 日，《華爾街日報》
指出巴諾書店 (Barnes & Noble) 的 Nook 電子書閱讀器擁有
2 GB 記憶體，「約能存下 1,500 本電子書」。隔天，《紐約時
報》提出 1 ZB 記憶體，「相當於可以儲存美國國會圖書館所
有藏書量的 1,000 億倍」。

我當時很幸運正要開始出課程的期末考題，這些科技領
域數字，正是上天贈與我的靈感。我在試題中問到：「假設以
上兩個描述皆正確，請計算美國國會圖書館大約有多少本
書？」

回答這個問題只需要簡單的算術，然而計算數字非常龐

大，而大部分的人不見得擅長大數字計算。出現太多 0 的時候，腦袋往往會轉不過來。寫下 Z 所代表的完整數字（1 後面帶著 21 個 0）可能會有幫助，但往往會寫錯。接下來我會提到，使用**科學記號**（scientific notation）書寫是較佳方法，但像「Z」這樣的單位，除了極少數人外幾乎沒人知道，對大部分的人來說根本毫無意義。

　　既然直覺無法帶來任何幫助，就仔細計算一下吧。根據《華爾街日報》的說法，2 GB 可以儲存 1,500 本書，代表一本書略多於 1 MB。再根據《紐約時報》的說法，1,000 億倍等於 10^{11} 倍，將總位元組數 10^{21} 除以 10^{11} 倍，會得到國會圖書館藏書量約相當於 10^{10} 位元組。如果每本書為 10^6 位元組（約為 1 MB），將 10^{10} 除以 10^6 可以得出，國會圖書館藏書本數約為 10^4 本，也就是 10,000 本書。如果你對這裡使用的指數和科學記號不太熟悉，接下來會有更深入的解釋。

　　10,000 本是合理的估計值嗎？比起盲目猜測合不合理，可以試試評估這個數值是否過大或過小，也就是試題的第二部分：「計算出來的數字看起來太多、太少，還是差不多？為什麼？」當然如果一開始就算錯了，就沒辦法正確回答這個問題。部分學生遭遇到這個狀況，而必須試圖解釋小至分數或大至數億以上的數字。

　　儘管計算正確的學生狀況會好一點，但某些學生在評估數字合不合理時，依然遇到了困難。看來就算是比較小的大

圖 4.1：藏書 10,000 本？國會圖書館的一棟建築

數字，依然難以想像出實際情況。不少學生認為一間大圖書館藏書 10,000 本十分合理，完全出乎我的意料。其中一位學生回答：「我猜就算是普林斯頓大學的圖書館，隨便也超過 10,000 本書吧！」實際上這樣說也沒錯啦！但回答得還不夠好。單單我自己的辦公室就有超過 500 本書，我敢打賭許多更專注於學術研究的同事，都擁有好幾千本書。至於坐落在校園中心的巨大建築、貌似學生都十分熟悉的學校圖書館，藏書整整超過 600 萬本。

　　一本書到底有多大？TB 或是 MB 又到底有多大呢？以下是簡單的答案。以常見的文本來說，一位元組可以儲存 1 個英數字元。珍‧奧斯汀 (Jane Austen) 的《傲慢與偏見》

(*Pride and Prejudice*) 約有 97,000 字，共 550,000 個字元，因此一本純文字的浪漫小說或傳記，大小基本上可以評估為 1 MB，因此 1 GB 可以儲存這類書籍約 1,000 本。圖片則要佔據更多空間，每張圖約幾 KB 到幾 MB。《華爾街日報》的計算結果十分合理，但相比之下，《紐約時報》卻大錯特錯。

　　大家可以評估看看，以下 3 則關於電子書大小的說法：

「《欽定版聖經》(*King James Bible*) 的文字檔案大小很可能不超過 500 KB。」

「如果以文字檔來看，1 GB 可以儲存相當於 2,000 本《聖經》文字量的書籍。」

「整個微軟 Office 套裝軟體程式，約會佔用與一本厚書相當的硬碟空間。例如，微軟 Office 中小企業版僅佔用 560 MB。」

　　《聖經》文字量可比《傲慢與偏見》多上許多，字數整整接近 800,000 字，相當於約 4.5 MB 的純文字，稱得上一本厚書。前兩則描述還算合理一致，雖然都過於樂觀。資料壓縮技術雖然可以減少所需儲存容量，但並沒辦法壓縮到 500 KB 這麼小。然而，第三則描述則差了 1,000 倍，560 MB 的微軟 Office 軟體佔用的空間，整整接近 500 本厚書佔用的硬碟空間。

順道一提，根據 loc.gov（國會圖書館網站）上的資料，國會圖書館藏書約為 1,600 萬冊，外加 1.2 億件其他資料。另外提一個有趣的說法，《紐約時報》的電子書閱讀器報導，也試圖幫助讀者視覺化國會圖書館的藏書量：「相當於可以在美國本土和阿拉斯加蓋上 7 層書籍。」先不管這段資訊實不實用，資訊是否真的正確就交由你來計算吧。但我想給你個提示，幫助你開始計算，1 平方英里超過 2,500 萬平方英尺，而一本書籍的大小就大概與你手上的這本書相當。

4.2 科學記號

每當數字比「超級大」還要更大時，新聞媒體總喜歡結合多個數詞來表達。《紐約時報》在 2008 年 3 月的一則更正啟事中提到：「1 個 petaFLOPS（每秒浮點運算次數，floating-point operations per second, FLOPS）相當於每秒一千兆 (thousand trillion) 指令，而非百萬兆 (million trillion)。」又或者《電腦世界》(Computerworld) 雜誌於 2007 年 12 月的文章中指出：「光是私部門的電子檔案，截至 2010 年就已經高達 27,000 PB，相當於 270 億 GB (27 billion gigabytes)。」再舉一例 2017 年 6 月的報導為例：

「根據歐洲核子研究組織 (CERN) 的說法，人們不斷

尋找的標準模型基石——希格斯玻色子 (higgs boson)，
質量為 1,250 億電子伏特，相當於一顆碘原子的質量。
但根據理論計算結果，上述質量之輕，超乎尋常。希
格斯玻色子的質量，應該比上述質量的千萬億倍再多
一千倍 (thousands of quadrillion) 重。」

　　不僅結合了數詞，還混合了一般常用的億、兆，以及不
常用的千萬億 (quadrillion) 等大數字，此外再加上科技上的
「G」和「P」等等數詞單位！可憐的讀者該如何是好？

　　其中一個處理大數字的方法是完整寫出數字，而不要使
用百萬、十億等單位。因此一百萬就會寫成 1,000,000，十億
則會寫成 1,000,000,000。至於更大的數字，就如同《紐約時
報》所說明的：「ZB 相當於十億兆位元組：1 後面帶了 21 個
0。」加總十億的 9 個 0 和一兆的 12 個 0，就會得到 21 個 0。

　　科學記號中會使用 10 的次方數，來表達 1 後面帶了幾個
0。如果使用科學記號表示的話，一千就會是 10^3，也就是 10
的 3 次方，即 10 本身乘了 3 次 (10×10×10)。同理可得，百萬
為 10^6、十億為 10^9；一兆為 10^{12}，也就是 10 的 12 次方，即
10 本身乘了 12 次。如果 10 的次方數相乘，例如 10^9 乘以
10^{12}，則需要將指數部分相加。$10^{(9+12)}$ 等於 10^{21}。除法的話，
則需要相減指數：10^{21} 除以 10^{11} 等於 $10^{(21-11)}$，即 10^{10}。

　　科學記號十分簡潔，而且相較於使用大數字或好幾個 0，

更不容易出現錯誤。例如，在 2003 年揭露電信產業瓦解的《網路強盜》(*Broadbandits*) 一書中，作者提到數據傳輸速率為每秒 6.5 Tb（兆位元），比每秒 56 Kb（千位元）「快上約 100 萬倍」。100 萬倍這個說法正確嗎？比較 6 Tb（6 乘以 10^{12}）和 60 Kb（60 乘以 10^3，即 6 乘以 10^4），輕易就能看出正確倍數接近 10^8，即快上一億倍。

然而不幸的是，許多人都不習慣使用科學符號，因此日常生活中並沒有盡可能使用科學符號。

技術限制有時也會造成無法清楚表達的問題，例如，報紙似乎無法印出上標。《紐約時報》在 2007 年 12 月的一篇報導指出，對於電腦來說，要掌握國際象棋 (chess) 可比國際跳棋 (checkers) 難上許多倍，因為國際象棋有 1,040 到 1,050 種可能的棋子擺放狀態，但國際跳棋僅有 1,020 種可能狀態。聽起來兩種遊戲複雜度不是差不多嗎？但如果以正確的方式呈現數字，差異就會十分明顯：國際象棋有 10^{40} 到 10^{50} 種狀態，而國際跳棋則為 10^{20} 種狀態。現在就能輕易看出，國際跳棋和國際象棋的差異：國際象棋大概難上 10^{20} 到 10^{30} 倍，也就是 1 後面帶 20 或 30 個 0：1,000,000,000,000,000,000,000,000,000,000 倍。這樣夠清楚了嗎？

這個倍數十分巨大。假設電腦每秒可以評估十億 (10^9) 種國際象棋的擺放狀態，這個速度對家用電腦來說非常快，但對超級電腦來說只是小事一樁。1 天有 86,000 秒，而 1 年

約有 3,000 萬 (3×10^7) 秒。如果電腦 1 年能夠評估 10^9 乘以 3×10^7，即 3×10^{16} 種擺放狀態，則需要 3,000 年才能評估 10^{20} 種擺放狀態，如果是 10^{30} 種擺放狀態，則需要再多 100 億 (10^{10}) 年的時間。

4.3 錯亂的單位

> 「賽馬體內的禁藥克倫特羅 (clenbuterol) 含量……為 41 皮克 (picogram)，並非『petragram』。1 皮克為 1 公克的一兆分之一，並沒有 petragram 這個單位。」
>
> ——《紐約時報》賽馬使用禁藥的報導，
>
> 2008 年 8 月 6 日

　　有些單位很少人聽過，或者像科技上使用的容量大小般聽起來都很類似，常常不經意就會混淆單位名稱，造成更嚴重的混亂。某年的聖誕節，我太太送我一本由奧萊塔 (Ken Auletta) 所撰寫的《Google 歷史：我們所知的世界末日》(*Googled: The End of the World As We Know It*) 這本書講述了過去幾十年來，Google 這家蒸蒸日上科技公司的精彩歷史，並提出評價。但最後一句話卻指出，Google 儲存了「約 24 tetabits（約 24 千萬億位元）的資料」。

　　如同前面提到《紐約時報》的狀況，並不存在 tetabit 這

個單位。如果千萬億 (10^{15}) 這個單位正確的話，正確單位應該是 Pb（petabit，拍位元），因為 P 為 10^{15}。這讓我又出了另一道試題：「假設正確單位為 Pb，則 Google 相當於儲存了多少 GB 的資料呢？」 要回答這個問題，首先要將 Pb 轉換為 Gb（gigabit，吉位元），然後再將位元 (bit, b) 轉換為位元組 (byte, B)，而每 8 位元等於 1 位元組，最後會得到 300 萬 GB。但「tetabit」和另一個真正存在的單位 terabit（Tb，兆位元） 只差了一個字母，因此試題的後半段詢問：「如果 tetabit 實際上是 terabit，則算出來會是多少 GB 呢？」這個題目就交給你來練習了。

順道一提，《Google 歷史》這本書是在 2009 年出版。科技的發展非常快速，很快儲存單位就必須使用 EB 來表示了，毫無疑問，我們未來也會常常看到有關 「1 後面帶了 18 個 0」的報導。

4.4 結　論

代表科技領域大數字和小數字的前綴單位，包含兆、吉和奈等等，與傳統的大數字，包含百萬 (million) 和十億 (billion) 等等，都存在相同問題：人們無法直接感受到數字大小，僅僅只對相對大小有個模糊印象。此外，人們對這些單位也不熟悉，因此這些模糊印象也難以提供準確的意義。

　　熟悉這些前綴單位將能帶給你幫助。此外，熟悉並且能自在使用科學記號，也就是使用指數，而非文字或一長串的 0 來表示大數字，也會讓這些前綴單位更容易理解且更有意義。當你看到許多數詞結合的字串，例如 「百萬百萬兆」 (million million trillion)，請花一點時間將字串轉換成指數，這樣就會更容易得到數字大小的準確印象，並且更容易進行大數字的計算。

第 5 章
單 位

「全美國的人每天會收到超過 200 萬美噸的垃圾信。」
——「親愛的艾比」(Dear Abby) 諮詢專欄，
1996 年 1 月

即使我們已經逐漸步入無紙社會，而且每天都會收到「成噸」的電子郵件，但我家每天依然會收到大量實體垃圾信件。然而每天 200 萬美噸真的聽起來超級多。「親愛的艾比」的說法合理嗎？一起來思考看看吧。

5.1 使用正確單位

首先可以問問自己第 3 章提到的問題：這對我個人的影響是什麼？200 萬美噸相當於 40 億磅。如果 1996 年時美國有 3 億人，這代表每人每天會收到超過 13 磅重（約 6 公斤）的垃圾郵件。

聽起來很不真實，特別是想到那位長期以來一直認真盡責，整整 20 年每天都一定會送信到我家的郵差，就越覺得數字很可疑。上述計算結果代表光是我和內人，每天就會收到 26 磅重的信件。「艾比」提出的數字明顯過大。

看來這又是一次單位使用錯誤，像是將桶誤植為加侖、公尺誤植為公里、分鐘誤植為秒、月或年誤植為天等等。數字部分雖然可能正確，但如果搭配了錯誤單位，最終數值依

然不正確。

　　我懷疑兩個可能出問題的地方：時間單位或重量單位錯誤。例如，「200 萬美噸」可能正確，但「每天」應該是「每月」或「每年」。每月 13 磅等於每天 6 到 7 盎司（約 200 公克），感覺還是太重。而每年 13 磅約為每人每天 0.5 盎司，相當於兩口之家每天 1 盎司（約 30 公克）。這個數字可能有點低，但並非不合理。

　　另外一種可能是，「200 萬」數字正確，但「美噸」應為「磅」。200 萬磅約為 3,200 萬盎司，除以 3 億人會得到每人每天約 0.1 盎司（約 3 公克）。數字似乎太低，但還不至於荒謬，還在合理範圍內。當然還有其他可能的修正方式。

　　想想看我們如何推理出「艾比」說法的不合理之處。將原始說法的大數字轉換為較小數字，以便能夠反映出事物對我們個人的影響。如果數字明顯錯誤，就要想想看原本的說法，到底哪裡出了問題，並且抽絲剝繭找出可能錯誤的地方，試試看小小的改變能不能讓原本的說法變得合理，找出更能正確的描述。

5.2 反向推理

　　從結論反向推理檢查資料和假設，是非常重要的技巧，在許多情況下都能夠使用。再多看看一些例子吧。

「晚上將電腦關機、螢幕關閉，不要 24 小時整天開著，則每天可以省下 88 美元。」

——《明星紀事報》，2004 年 12 月

這則報導發布的當時，CRT 顯示器是最常見的電腦螢幕。從報導內容來看，關閉螢幕不僅僅是個好點子，還是理財上不可或缺的一環。如果用電半天就需要花 88 美元，那麼個人電腦應該會少得可憐，因為光是電費成本一年就要多花 30,000 美元了。就算 2004 年當時的設備多麼耗電、電價多麼貴，這也不可能是正確數字。

如果你對電價有些概念——在美國的話是每度（即千瓦·小時，kilowatt hour）約 10 到 15 美分，並且知道一組電腦和螢幕會消耗多少電力——通常為 100 到 200 瓦 (watt)，即 0.1 到 0.2 千瓦，約與兩個白熾燈泡的耗電量相當，就能估算出每開一個小時的電腦和螢幕，約需花費 1 到 2 美分。一天開電腦和螢幕 10 小時，開一整年的費用約為 80 美元。根據這個計算結果，足以強烈懷疑原始報導的時間單位應為「每年」，而非「每天」。事實上確實如此，《明星紀事報》在幾天後的更正啟事中，澄清了這個錯誤。

《泰晤士報》(The Times) 在 2004 年 11 月的一篇報導指出，美國航太總署 (NASA) 的噴射機，10 秒內可以飛行 850 英里（約 1,400 公里），相當於每小時 7,000 英里（約 11,000

公里）。10 秒 850 英里顯然不等於每小時 7,000 英里。如果噴射機 10 秒可以飛行 850 英里，則 1 分鐘就能飛行 5,000 英里，因此 1 小時能夠飛行 300,000 英里。報導繼續寫到，一架能以 10 倍音速飛行的飛行器，將在太平洋上空進行飛行測試，可能是為了研發一種「超音速」巡弋飛彈，能在 1 小時內從洛杉磯飛到平壤。聲音的速度超過每小時 700 英里，因此飛彈速度達每小時 7,000 英里十分合理。

順道一提，大家小時候應該學過，在暴風雨中如何估算閃電的距離：看到閃電後每晚 5 秒聽到雷聲，代表閃電距離 1 英里遠。計算方法為，每小時 720 英里等於每分鐘 12 英里，因此雷聲每 5 秒會移動 1 英里（譯註：以公制單位計算的話，音速為每秒 340 公尺，因此常以每 3 秒距離 1 公里來估算）。

一輛客機 10 秒飛行 850 英里，是怎麼樣的狀況呢？這鐵定能減輕坐飛機旅行的痛苦。設想你在倫敦坐上了飛機，飛機起飛 40 秒後，廣播響起：「請繫好安全帶，幾分鐘後就會抵達紐約。」

飛彈的速度達到每小時 7,000 英里十分合理，但對民航機來說速度明顯過快。民航噴射機速度為每小時 500 到 600 英里，而協和式客機 (Concorde) 最大速度可以來到每小時 1,300 英里，接近音速的 2 倍。

這不禁讓人懷疑《衛報》(*The Guardian*) 在 1993 年 9 月

的報導，報導指出：「波音 747 (Boeing 747) 是一種人造載具，能夠以超過時速 2,000 英里在跑道上衝刺，然後升空。」波音 747 起飛時確實令人印象深刻，但起飛的速度更接近每小時 200 英里。

圖 5.1：每小時 2,000 英里？

　　回到地面上的故事，2005 年紐約市意圖出售橫跨曼哈頓 (Manhattan) 和布朗克斯 (Bronx)，位在哈林河 (Harlem River) 上的威利斯大道橋 (Willis Avenue Bridge)。當時僅開價 1 美元，而且紐約市甚至願意免費協助運送到 15 英里內的任何地方。遺憾的是，沒有任何人願意購買，最終大橋還是拆除了。

　　當時報紙報導中有提到大橋的交通狀況分析：大橋的車

流量每年僅 75,000 輛。稍微計算一下，可以得到約等於每天 200 輛車，每 5 分鐘不到 1 輛車。對擁有至少 8 萬人口的紐約市來說，這個車流量數字確實超低。毫無意外，幾天後報紙就刊登了更正啟事：大橋的車流量為每天 75,000 輛，並非每年。

某些專業上使用的單位，大家通常更不熟悉，因此更容易弄錯。例如，我曾看過一篇文章，說明使用在有嚴重行為問題兒童身上的電擊療法。報導指出，兒童治療時的電流大小範圍為 15 到 45 安培 (ampere)。大家可千萬別嘗試這樣的電療！正確單位應為毫安培 (milliampere)，也就是千分之一安培。維基百科上提到，只要 30 毫安培就足以造成心臟顫動 (fibrillation)，30 安培將會立即致命。

還有另一件令人高興的事，《明星紀事報》幾年前報導過一家當地酒吧——蒙克萊的蒂爾尼酒館 (Tierney's Tavern)，在歡樂時段（優惠時段）一壺啤酒只賣 1.25 美元。一壺啤酒通常重 60 盎司（約 1.7 公斤），或者約 2 公升左右，1.25 美元可以買到這麼多啤酒，客人鐵定是開心得不得了。報導最後也更正了。正確價格應為 16 盎司，也就是 1 品脫（約 470 毫升）賣 1.25 美元，而非一壺。雖然價格依然十分便宜，但已接近原本報導價格的 4 倍。

5.3 結 論

　　單位就和數詞一樣，使用上都很容易搞混。根據不同單位錯誤，影響可大可小，例如，搞混天和年「只有」365 倍誤差，搞混磅和美噸則為 2,000 倍誤差，而搞混英尺和英里則為 5,280 倍誤差。例如一則更正報導指出，「科羅拉多泉 (Colorado Springs) 距離海平面 6,000 英尺，而非 6,000 英里。」

　　而有時單位錯誤會造成嚴重後果。1999 年時，火星氣候探測者號 (Mars Climate Orbiter) 在火星的大氣層中解體了。原因出在軟體的一部分數據使用傳統英制單位，但另一部分數據卻使用標準公制單位。單位使用差異，導致修正軌道所需的推力計算錯誤，使得太空探測機太過接近火星表面。

　　再舉另一個例子，1983 年加拿大航空 (Air Canada) 在飛行途中耗盡了燃油，原因是裝載的燃油以磅做計算，但實際上應該使用公斤，這導致飛機裝載的燃料不到所需燃料的一半。由於儀器或部分人為疏失，在引擎停止運轉前都沒人注意到這個問題，當時飛機位在曼尼托巴省 (Manitoba) 上空 12,500 公尺處。還好靠著好運和高超的駕駛技術，飛機在失去動力且大部分儀器失效下，最終還是安全降落在一座廢棄的前空軍基地跑道上。

　　部分情況下，單位錯誤能夠藉由反向推理發現。而類似上面提到的兩起事件，可能除了非常小心外，並沒有其他解決辦法。

第 6 章
維 度

> 「年輕公熊可以在 60 到 100 平方英里範圍內遊蕩，尋
> 找食物和配偶，而母熊則會待在洞穴附近，在半徑 10
> 英里範圍內覓食。」
>
> ——《明星紀事報》，1999 年 7 月 9 日

　　毋庸置疑，公熊會在很大的區域遊蕩。而報導中提到公熊遊蕩的區域，相對於更常待在洞穴家中的母熊來說，大小如何？

　　一起來計算看看吧。半徑為 r 的圓，面積會是 πr^2，π 大約等於 3.14，因此半徑 10 英里的圓，面積會超過 300 平方英里！明顯有什麼地方弄錯了，至少從報導文字想表達的意思來看，母熊相對於公熊活動範圍應該會更靠近洞穴。

　　問題可能出在哪裡呢？

6.1 平方英尺和英尺的平方

　　如果將線性維度（例如單位為英里的半徑）和面積維度（例如平方英里）混為一談，就很容易出差錯。

　　我們小時候都曾聽過，「蘋果不能和橘子相加」。我們處理的許多數字都有不同**維度** (dimension)，包含長度、面積、體積，不同維度的數字必須正確組合運算，否則就會犯了蘋果加橘子的錯誤。英尺無法和平方英尺相加，平方英寸也無

法和立方英寸比較。

　　幸好這類錯誤通常很容易就可以發現。例如，《紐約時報》2009 年 5 月的一則更正啟事提到，某間房間的大小為：「30 英尺的平方 (feet square)，也就是 30 英尺乘以 30 英尺，而非 30 平方英尺 (square feet)，30 平方英尺遠比 30 英尺的平方還要小得多。」

　　事實上，30 平方英尺的房間，可能會相當於 6 英尺長、5 英尺寬這樣的大小。英文中常常會搞不清楚「平方英尺」和「英尺的平方」，只要表達上稍有馬虎就容易弄錯。公熊和母熊的報導出現前幾個月，也曾看過一則報導提到：「萊文沃思堡 (Fort Leavenworth) 的大小為 8.8 平方英里，並非 8 英里乘 8 英里（64 平方英里）。」高登 (R. M. Gordon) 2000 年出版的《代號開膛手傑克》(*Alias Jack the Ripper*) 一書中提到：「受害者都住在 260 平方碼的小區域內。」260 平方碼（約 217 平方公尺，相當於約 65 坪大）大約是 16 碼乘以 16 碼的大小，而作者的意思，其實應該是 260 碼乘以 260 碼大小的區域。

　　反向推理文章中提及的面積，往往可以找出這類問題。2016 年夏天，茲卡病毒 (Zikavirus) 在邁阿密 (Miami) 爆發期間，報紙新聞引用了美國疾管局 (Centers for Disease Control and Prevention, CDC) 主任弗利登 (Tom Frieden) 的說法，弗利登表示，如果在指定隔離區中心 500 平方英尺範圍內，出

現新的茲卡病毒案例，他也不會感到特別意外。弗利登說：
「茲卡病毒傳播能力就是這麼強。」並解釋茲卡病毒需要 1
平方英里的預防緩衝區。

　　500 平方英尺有多大呢？剛好我撰寫這個段落時，所在
的房間大小為 20 英尺乘 20 英尺，相當於 400 平方英尺，如
果房間是 22 英尺乘 23 英尺，就會是 506 平方英尺。因此如
果我人在邁阿密而非紐澤西 (New Jersey) 的話，新的茲卡病
毒案例，就有可能控制在我的房間大小之內！當然如果傳播
範圍只有這個大小，那病毒就會十分容易控制。

　　弗利登博士想說的（而且可能單純只是媒體誤報）並不
是「500 平方英尺」，而是「500 英尺的平方」，也就是 500 英
尺乘以 500 英尺的區域，即 250,000 平方英尺。1 平方英里的
預防緩衝區，相當於 1 英里乘以 1 英里（1 英里的平方），因
此這個數字並沒有出錯。

6.2 面 積

> 「F50fd 的感測器比起其他相機還要大上 50%：感測
> 器對角線長為 0.625 英寸，其他相機為 0.4 英寸。現在
> 相機最重要的是統計能力，而非百萬像素。」
>
> ——《紐約時報》，2007 年 12 月 6 日

日常生活中接觸到的許多顯示器，例如電視、電腦和手機，都使用單一數字來描述螢幕大小，也就是長方形表面的對角線長度。使用單一數字就能描述尺寸十分方便，如果比較的不同裝置間**寬高比** (aspect ratio) 相同，這樣的描述方式就會十分有效。

雖然我們看不到相機的感測器，但感測器大小的測量方式也與螢幕相同。數位相機中的感測器，是由數百萬個微小的感光圖像元素（即所謂的「百萬像素」）組成，能夠測量進入的光線並記錄數值，在之後顯示圖像時使用。

基本上越大的感測器的確效果越好，原因是越大的感測器收集到的光線越多。然而如果「大於 50%」指的是面積的話，那在算術方面就出了差錯。在寬高比不變的狀況下，對角線長度增加 50% 會同時分別增加寬度和高度 50%，因此面積會增加為 2.25 倍。

如何得到上述結論呢？面積等於高度乘以寬度，因此假設原面積為 h 乘以 w，則新面積為 1.5h 乘以 1.5w，計算得出新面積為 2.25hw，為原面積的 2.25 倍。除了對角線長度增加了多少百分比這種說法，另一種表達方式是，面積增加了 125%：如果原始面積為 100 平方單位的話，則新面積為 225 平方單位。倍數和百分比的用法有時也會搞混，需要小心使用。

觀察圖形會比較容易了解上述內容。圖 6.1 中的白色方格為原始面積，灰色方格則是寬高各增加 50% 後再加上去的

面積。寬高各增加 50%，則寬高會各多 1 個方格，方格數由
4 個增加為 9 個。9/4 等於 2.25，也就是增加了 125%。

　　就算寬高比不同，也就是螢幕並非正方形，結果還是會
相同，請大家參考圖 6.2。事實上，不僅僅只是長方形，任何
圖形都符合上述結果。

　　原文撰稿記者將 0.4 增加到 0.625 的百分比，四捨五入到
50%，讓讀者更容易掌握數字，的確值得讚賞。準確的比率
為 1.5625，因此較大感測器的面積，實際上為較小感測器的
1.5625 平方倍，相當於 2.44 倍，對相機消費者而言，大感測
器實際上比報導提到的效果還要好。

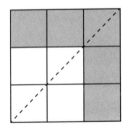 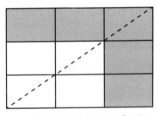

圖 6.1：對角線長度增加 50%　　圖 6.2：同樣也是對角線長度增加 50%

　　電視螢幕尺寸是消費者最常看到，使用上述方式表達面
積的例子。我家中現有一臺老舊的 38 英寸電視，湊合著看也
還堪用，但我還是常常想換一臺更好的電視。為了計算上方
便，就假設我想從 40 英寸的電視換成 60 英寸的好了。同樣
也是增加對角線長度 50%，也就是 1.5 倍，因此理論上我的

新電視螢幕面積，會增加為 2.25 倍。如果我太喜歡看電視了，而且也有更多預算，就能夠改成升級為 80 寸的電視，螢幕大小會變成原本的 4 倍。

　　當然新買的大電視，很可能像素數會和原本的小電視一樣，除非我購買了「4K 超高畫質」(4K ultra HD) 電視，像素數會提升為一般電視的 4 倍。為什麼像素數是 4 倍呢？那是因為 4K 電視在高和寬上的像素數都是一般電視的 2 倍。

> 「4K 電視的解析度為 3,840×2,160 像素，是一般超高畫質 (full HD) 電視 1,920×1,080 像素的 4 倍。」
>
> ——產品比較網站

　　電腦螢幕也和電視螢幕相同，在寬高比相同的前提下，15 英寸螢幕面積比 13 英寸螢幕大上 33%、比 11 英寸筆電螢幕大上 85%。同樣要注意，不同螢幕像素密度 (pixels per inch, PPI) 也可能不同，比較時需要小心。

6.3 體　積

> 「口徑 3 英寸的大砲可以發射稍小一點的鐵球，重量在 3 到 4 磅之間。口徑 9 英寸的大砲，可以發射重量在 7 到 10 磅之間的鐵球。大砲的大小是根據大砲所能

發射的實心球平均重量來衡量。口徑 3 英寸的大砲稱
為 3 磅砲 (3-pounder)，口徑 6 英寸的大砲則稱為 6 磅
砲 (6-pounder)，以此類推。」

——摘錄自某個大砲歷史網站

如同前一段看到的，需要使用平方英尺等面積維度時，
如果使用長度或半徑等線性維度，就很容易造成重大錯誤，
反之亦然。而如果這樣的錯誤在處理面積時很嚴重，那處理
體積時就會更嚴重。使用方塊堆就很容易觀察出來，請參考
圖 6.3。

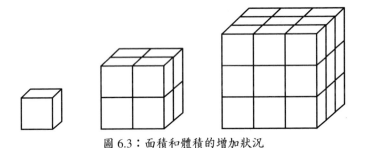

圖 6.3：面積和體積的增加狀況

任意一面的面積，會對應水平方向上方塊數的平方而增
加：水平方向上有 1、2 和 3 塊方塊時，對應到面積 1、4 和
9。同樣地，體積則會對應方塊數的立方而增加：對應到體積
1、8 和 27。

圖 6.4：24 磅砲使用的 6 英寸砲彈

接下來更仔細觀察一下砲彈（圖 6.4）。半徑為 r 的圓形，面積為 πr^2，這個公式大家應該都很熟悉。如果半徑加倍，則面積會增加為 4 倍。砲彈這類的球體體積為 $(4/3)\pi r^3$，這個公式大家就比較少見，就算不知道也沒關係。為了能夠進行比較，只需要注意重點在於，體積和重量皆與半徑或直徑的「立方」成正比。這代表如果半徑或直徑加倍，體積和重量會增加為 8 倍，增加非常多。如果直徑 3 英寸的砲彈重 3 磅，則 6 英寸的砲彈會重 24 磅，而 9 英寸的砲彈重量將達到 81 磅。

重點在於，要記得體積和重量增加與線性維度增加間的

比例關係，4/3 和 π 等常數項並不會影響結果。

　　你可能還記得，以前的電視和電腦螢幕並非平面螢幕，而存在明顯的深度、高度和寬度。當時如果你想要購買較新的 30 英寸電視螢幕，替換 20 英寸的舊螢幕，則螢幕面積會增加為 2.25 倍，但體積會增加 1.5 的立方倍，也就是約 3.3 倍。我現在已經想不太起來，但重量很可能也會增加類似比例，至少會比 2.25 倍還要多。但如果是平面螢幕，則深度為常數，因此重量很可能只會隨著面積增加而等比例增加：如果我的 40 英寸電視重 10 公斤，則我未來新買的 60 英寸平面電視螢幕，重量應該會落在 25 公斤左右。在網路上進行一些商品比較後會發現，上述預估的比例相當準確。

6.4 結　論

　　平方單位很容易和單位的平方搞混，特別是在不嚴謹的談話裡，而這類混淆在新聞中也很常見。所幸許多案例報導的數字都大或小得離譜，因此透過思考數字實際狀況，就能夠發現錯誤。

　　在高度和寬度等線性維度變化時，需要注意面積增加的狀況。規則是面積增加會與線性維度平方成正比，因此半徑或對角線加倍，或者高度和寬度同時加倍，則面積會變成 4 倍；而將半徑增加為 10 倍，則會讓面積增加為 10 的平方倍，

也就是 100 倍。

　　體積和重量增加的倍數則會更多。體積會與線性維度的立方成正比，因此球體的半徑加倍，或者盒子的 3 個邊都加倍，會讓體積增加為 2 的立方倍，也就是 8 倍；而如果線性維度增加為 10 倍，則體積會增加為 1,000 倍。

　　面積和體積的例子中，重要的是相對線性維度的比例變化，4/3 或 π 等常數項，並不會影響面積和體積的倍數變化，因為在計算倍數時會相除抵銷。物體的形狀也不會影響面積或體積的倍數變化，原因是如果長方形、三角形和圓形的邊長或半徑相同，面積其實也只差了一個常數項而已。

第 7 章

里程碑

> 「每天有 10,000 名嬰兒潮出生的人年滿 65 歲。」
> ——《紐約時報》，2014 年 8 月 1 日

> 「每月有 8,000 名嬰兒潮出生的人年滿 65 歲。」
> ——《紐約時報》，2016 年 5 月 7 日

　　每天都會有幾千份不同的報紙刊登這樣的報導：「每『某段時間』有『多少』『某族群』『如何』。」許多報導內容都與某個「里程碑」(milestone) 相關，或是一生只會發生一次的事，例如出生、死亡或特定年齡的生日。

7.1 利特爾法則

　　你對每月有多少嬰兒潮出生的人年滿 65 歲有任何概念嗎？我其實也完全沒概念。所幸我們往往可以理性推論出，這些陳腔濫調的說法是否合理。而在本例中，甚至能夠找出上述哪一則報導的說法基本上正確，而哪一則報導肯定錯誤。

　　其中一種方法是根據稱作**利特爾法則** (Little's Law) 的經驗法則。它是一種**守恆定律** (conservation law)，說明經過某些處理過程的事物數量、事物抵達某處理階段的速度，以及處理過程所花費時間長短，三者之間的關係。

　　以下舉一個簡單例子，你就能輕鬆記住這個法則，並且

用來檢視你的思路。想像一間有「1,000 名」學生的學校；每名學生入學後會就讀「4 年」，然後畢業；如果忽略輟學生和轉學生，則每個年級會有「250 名」學生，如圖所示。

圖 7.1：利特爾法則應用於一所有 1,000 名學生的 4 年制學校

利特爾法則把上述 3 個數字的關係連結起來：總共 1,000 名學生等於每年級 250 名學生乘以 4 年。1,000 除以 250 得到 4，1,000 除以 4 得到 250，而 250 乘以 4 則得到 1,000。單就上述例子來說，這樣的關係現在看來顯而易見，但利特爾法則說明的關係，卻是由麻省理工大學史隆管理學院 (MIT Sloan School of Management) 的利特爾 (John Little) 教授，於 1954 年第一次提出。

接下來就使用利特爾法則來估算，每天有多少嬰兒潮出生的人年滿 65 歲吧。為了簡化計算，首先假設美國人口為 3 億人，也就是正在「處理過程中」的人數。「處理過程」指的是一個人的一生。假設每個人活到 75 歲，則 75 年就是「處理時間」。上述數字其實過度簡化，原因是有些人英年早逝，而有些人則長命百歲；此外，人口估算的方法也忽略了遷入、遷出和出生率，但目前為止，這個估算數字已經夠好。

如果將 3 億除以 75，會得到各年齡組別都有 400 萬人，
這個數字同時也是**抵達率** (arrival rate)：每年 400 萬人出生；
以及**離開率** (departure rate)：每年 400 萬人死亡。同時 400 萬
人也是每年抵達任何年齡里程碑的人數，其中就包含年滿 65
歲。如圖 7.2 所示，包含 65 歲在內，任何特定年齡的人數都
是 400 萬人。

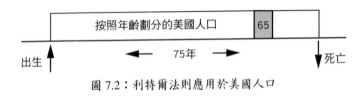

圖 7.2：利特爾法則應用於美國人口

將 400 萬除以「1 年（400 天）」，可以得到每天 10,000
人。但實際上 1 年只有 365 天，也就是比 400 天少了 10%，
所以可以將 10,000 增加 10%，得到每天達到任何年齡里程碑
的人數約為 11,000 人的結論。

因此，「每天有 10,000 名嬰兒潮出生的人年滿 65 歲」的
說法正確，而「每月有 8,000 名嬰兒潮出生的人年滿 65 歲」
則錯誤，「每月」應該改為「每天」。

相同類型的推理也可以應用到其他地方：

「今年的每一天，都約有 1,800 人會慶祝最具意義的
生日（65 歲生日），這也意味著他們即將退休。」
　　——《每日郵報》(Daily Mail)，2011 年 8 月 2 日

　　英國人口約為 6,500 萬人，因此可以假設人們的壽命為 65 年，藉此簡化計算。這代表每年有 100 萬名英國人年滿 65 歲，因此每天約有 2,700 人年滿 65 歲。然而，英國的預期壽命略為超過 80 年，因此更接近的數字應該是每天 2,300 人年滿 65 歲（6,500 萬除以 80 再除以 365）。這個數字比報導中的 1,800 人還要多，但相差不大，報導數字還在合理範圍內。

　　為了進一步確認，我另外找了一些獨立資料來源。許多報導都提到，出生於 2013 年 7 月 22 日的喬治王子 (Prince George)，是那天出生的「2,200 個嬰兒」中的其中一個。當然喬治王子很可能成為未來英格蘭的國王，身分和其他嬰兒顯然不同。

　　請注意，以上為了計算方便，都是使用近似數字，如有必要，之後還可以進一步進行更精確的計算。例如，我並不確定報導包含英國的哪些區域，有可能實際上相關的人口是 7,500 萬人，這樣的話就可以先假設預期壽命為 75 年，便於計算，然後在更確定實際的人口數後，進行上調或下修。

　　簡化數字的方法，確實能幫助你更容易計算數字。無論計算任何數字，你都應該先尋找簡化數字的方法，之後再來考慮，是否需要計算更精確的數字。

7.2 一致性

　　利用獨立計算或獨立資料確認數字，是非常好的作法。本章一開始的兩則報導說法不一致，就是個警訊。雖然數字8,000 和 10,000 差異不大，但如果將單位加上去，每天 8,000名就相當每月約 240,000 名，兩者相差了 25 倍，差距十分巨大，因此明顯暗示至少其中一則報導錯誤。

　　同理可知，如果許多獨立計算都得到一致的答案，則是好現象。請看看以下這些例子：

《每天有 10,000 名嬰兒潮出生的人年滿 50 歲。》
　　　　　　　——《博弈》(*Gambling*)，2005 年 5 月 1 日

《接下來的 18 年中，每週都約有 88,500 名嬰兒潮出生的人年滿 59.5 歲。》
　　　　　　　——《新聞週刊》，2005 年 9 月 12 日

《每月有 350,000 名美國人年滿 50 歲。》
　　　　　　　——《富比士》，2005 年 1 月 10 日

《每年有 400 萬名學生從高中畢業。》
　　　　　　　——《紐約時報》，2010 年 7 月 9 日

　　這 4 個數字分別以每天、每週、每月和每年表示達到特定年齡的人數，4 個數字與每天 11,000 人的估計值，相差都在 10% 到 20% 以內，因此這些數字很有可能都正確。

　　我再舉一些其他應用一致性的例子。身分盜竊 (identity theft) 一直是十分嚴重且不斷擴大的問題，請看看以下這些身分盜竊的相關數字：

　　「每 79 秒就有一個人成為身分盜竊的受害者。」
　　　　　　　　　　　　　　　——CBS 新聞，2001 年 1 月

　　「每 2 秒鐘就有一個美國人成為身分詐騙 (identity fraud) 的受害者。」
　　　　　　　　　　　　　　　——CNN 新聞，2014 年 2 月

　　「每分鐘都有 19 個人成為身分盜竊的受害者。」
　　　　　　　　　　　　　　　——資安服務公司，2015 年

　　第三則報導提到每分鐘受害人數，而其他兩則報導則提到每幾秒鐘會出現一個受害者。兩種不同單位並無法直接比較，因此第一步驟應該要將第三則報導，轉換為與前兩則報導相同的單位：每分鐘 19 個受害者，相當於每 3 秒鐘出現 1 個受害者。

　　一則報導說的是「詐騙」，另一則說的是「盜竊」，因此每 3 秒或每 2 秒基本上差不多，但兩者都比每 79 秒還要短得多。為什麼會這樣呢？當然你可以認為單純只是報導寫錯了，但另一個可能的解釋是，在過去 13 到 14 年間，身分盜竊的狀況變得越來越嚴重。2001 年時，「79 秒」這個數字得到廣泛引用，當時電子商務才剛開始萌芽；而另外兩個數字，則是比較接近現在的數據。

　　79 這個數字的來源，似乎是將一整年的精確秒數（31,536,000 秒），除以美國聯邦貿易委員會 (Federal Trade Commission, FTC) 提出的一個概略數字：共有 400,000 身分盜竊案件。計算結果為 78.84，這個數字隨後四捨五入到 79，但仍然過於精確。

　　2017 年，聯邦貿易委員會指出，他們接獲的身分盜竊投訴案接近 500,000 件，美國司法部 (Department of Justice) 也指出，身分盜竊的受害者有 1,760 萬名。這兩個應當蠻可靠的數字，足以說明為什麼報導數字有顯著差異。聯邦貿易委員會每 63 秒收到 1 份投訴，但司法部表示每 1.8 秒就會出現 1 名受害者。報導數字差異可能來自於計算的事物不同。

7.3 其他例子

　　當然並非所有「里程碑」的報導都有問題，但有時需要

稍微思考一下才能確定數字對錯。例如，產品測試雜誌《消費者報告》(*Consumer Reports*) 在 2014 年 7 月提到，每天有 130,000 名美國人搬到新家。

我一開始十分懷疑，雜誌提到的搬家人數非常多，數字一定誇大了。所幸使用前面提到的技巧，就能得出比直覺更客觀的結果。

假設每名美國人一生只搬家 1 次。參考本章一開始討論的生日問題，我們已經知道這代表每天約有 11,000 人在搬家。但個人經驗告訴我們，大部分的人一生不會只搬家 1 次，而且幾乎沒有人從未搬過家。人們有多常搬家呢？當然每個人的狀況差異甚大，但根據我們自身的經驗，可以得出一個合理範圍。例如，假設一個人每 6 到 7 年就會搬家 1 次，那一生就會搬家 10 到 12 次，將 11,000 乘以 12，就會得到每天約有 130,000 人在搬家。《消費者報告》的數字很可能正確。

7.4 結　論

利特爾法則是守恆定律的其中一例：有進必有出。如果抵達率、處理時間，以及處理過程中的數量皆為常數，則三者之間存在一個簡單關係。即使假設並非完美無缺，例如學校或國家的人口不會是固定常數，但近似值也足以推論某些說法的真假。

如果獨立的估計值或計算結果一致，除非存在某種系統性錯誤，否則幾乎可以肯定，一致的數字就是正確結果。真正的獨立計算不太可能遇到系統性錯誤，因此如果你使用兩種不同方法計算，並且得到幾乎一樣的答案，這就是個好現象。有時只需要使用簡單方法，例如一欄數字可以由上而下加總一次，再由下而上加總一次，就能避免計算錯誤。加總表格中的數字時，可以先加總各列得到列總和，再加總各欄得到欄總和，而列總和加總必須等於欄總和加總。

其中一個實行獨立計算的方法，就是將大數字縮小到個別項目或個人；當然也可以採用另一個方向，從計算個別項目或個人受到的影響，擴大到所有項目。例如，一則有關紐約大眾運輸的報導提到：

「2008 年大眾運輸系統的搭乘趟數為 105.9 億趟，並非 1,059 萬趟。」

——《紐約時報》，2014 年 3 月 11 日

原本的數字 1,059 萬趟明顯錯誤。反向推理可以得知，原本的數字意味著每一位紐約人，一年只會搭乘 1 趟大眾運輸工具（譯註：紐約市人口約為 850 萬人）。你不需要住在紐約市，就能夠知道這個數字不正確。

但總共搭乘 105.9 億趟，這個數字正確嗎？由上而下進

行推論可知，如果一年總共搭乘 100 億趟，而紐約有 1,000
萬人，則每人每年約搭乘 1,000 趟大眾運輸，相當於一天 3
趟。而由下而上推論可知，如果每位紐約人一天搭 2 趟大眾
運輸工具，乘以 365 會得到一年總共搭乘約 700 趟，再乘以
1,000 萬人會得到 70 億趟。雖然並不等於 100 億趟，但如果
每人一天搭乘 3 趟，就會得到 100 億趟了。因此 105.9 億趟
這個數字看起來很合理。我並不確定《紐約時報》統計的趟
數，是單程搭乘算 1 趟，還是從家中到工作地點往返搭乘算
1 趟，這會讓結果相差 2 倍。雖然某些時候可能會造成影響，
但在這裡影響並不大。

　　大家要特別小心不可能成立的數字。2008 年 10 月出刊
的《背包客雜誌》(*Backpacker Magazine*) 提到：

　　「14% 的搜救事件發生在週六，這是搜救隊一週最忙
　　的一天。7% 發生在週三，因此週三最適合出意外。」

　　這一組數字合理嗎？如果 14% 的意外發生在週六、7%
發生在週三，則剩下的 79% 必定要分布在其他 5 天中，也就
是剩下 5 天平均約會分到 16%。因此其中至少有一天，發生
意外的佔比會大於週六。因此原本的說法一定有什麼地方搞
錯了。週六沒辦法同時是發生意外佔比最高的一天，但又比
其他 5 天的平均值還要低。

第 8 章

虛假精確

「影音平臺 Hulu 的訂閱者，在今年的前 90 天中，串流了 7 億小時的影音內容。換算成每天串流時數的話，平均一天串流了 7,777,777.78 小時。」

——部落格文章，2016 年 8 月

「他在 62 天內，登上了所有阿爾卑斯山脈 (Alps) 高 13,123 英尺以上的山峰，總計 82 座。」

——關於一名登山者的報導，2017 年 5 月

這兩則節錄報導中，某些非常精確的數字吸引了我的目光。這兩則報導正好可以作為其中一種數盲症狀——**虛假精確 (specious precision)** 的絕佳例子。虛假精確指的是，數字以超過實際該有的精確度呈現。

牛津辭典網站定義虛假 (specious) 為：「表面看似可信，但實際上錯誤。資訊的呈現方式會誤導大眾，但又特別吸引大眾注意。」另一個字典網站提到，只有極少數英語使用者知道這個單字。我覺得網站在瞎說，但如果你不知道的話，現在你又多學一個單字了。

虛假精確的數字，往往是無知和懶惰結合的成果，然而有時的確是企圖誤導閱聽人。一起看看一些例子吧。

8.1 小心使用計算機

　　思考一下 Hulu 每天串流的時數。Hulu 提供了影音隨選
服務，擁有超過 1,000 萬名訂閱者。如果 Hulu 在 100 天中串
流了 7 億小時，就相當於一天 700 萬小時。如果是以報導中
提到的 90 天來計算串流時數，會比上述結果多出約 10%，
原因是計算每天平均觀看時數時，總時數僅除以數字較小的
90 天，而非 100 天。如果要計算每天的觀看時數，我會採用
上述估算方法。

　　但明顯能看出，報導中的數字是使用計算機計算得出，
圖 8.1 呈現了 7 億除以 90 的計算結果。（我第一次使用 Mac
電腦上的計算機程式計算時，預設精確度給了我小數點後毫
無意義的整整 15 位數：7777777.777777777777778！）

圖 8.1：7 億除以 90

用來計算的原始數字，也就是 7 億和 90 天，**精確度** (precision) 最多就只有 1 位數。7 億代表超過 6 億但少於 8 億，而在非閏年時，一年的前 3 個月剛好是 90 天，因此 90 天可以是準確數字，或者是一年中第一季的近似值。因此相除後計算出的結果，精確度也無法超過 1 位數。有許多更好的方式可以表示計算結果：每天 700 萬小時、每天 800 萬小時、每天 770 萬或 780 萬小時，或者每天 750 萬小時。上述任何數字都有道理，但如果是從計算機螢幕或計算機網站上抄下 9 位數結果，就毫無道理。

基本規則就是，計算結果的精確度，不應超過輸入值的精確度。如果原始資料只保證 1 位數精確度，那麼計算結果的精確度理應只有 1 位數。

8.2 單位轉換

接下來看看本章一開始提到的第二個例子，明顯有 3 個非常精確的數字：82 座、62 天和 13,123 英尺。前兩個數字應該十分準確，這兩個數字計算的分別是山峰和天數，都是離散且明確定義的事物。但為什麼會特別選擇 13,123 英尺呢？為什麼登山者對這個特定高度這麼感興趣，而不計入像是 13,100 英尺高的山峰呢？

答案就是，13,123 英尺等於 4,000 公尺這個漂亮的數字。

圖 8.2：超過 13,123 英尺高？

人們喜歡漂亮的數字，不但更容易記憶，而且能夠傳達數字想表達的重點，又不會過度精確。然而，先假想你是在美國報導阿爾卑斯山登山者的記者。歐洲人使用公尺測量高度，但美國人還在使用英制單位，因此你必須要將原本漂亮的數字，轉換為美國讀者看得懂的數字。這時你可能會拿出計算機，計算出 4,000 公尺稍微大於 13,123 英尺（圖 8.3）。

13123.35958

C	+/-	%	÷
7	8	9	×
4	5	6	−
1	2	3	+
0		,	=

圖 8.3：將 4,000 公尺轉換為英尺

　　問題解決了嗎？讀者得到所需的資訊了嗎？並沒有。更好的方法是同時提供兩個數值，例如「4,000 公尺（13,123 英尺）」，這樣能傳達更多資訊，也能夠讓讀者了解數字的由來。

　　這類公制和英制的轉換在美國十分常見。例如，《紐約時報》在 2008 年 3 月的一篇報導，引用了我鮮少閱讀的刊物——《遊艇快報》(*The Yacht Report*) 編輯的一段話：「超過 328 英尺的遊艇太大了，反而會讓你失去親密感。」你能否想像一名遊艇主人分享：「我前一艘遊艇長 300 英尺，我覺得非常棒，航行時我能夠好好認識每一個人，就像是個大家族聚會。但我的新遊艇長 328 英尺，遊艇太大艘了，我幾乎不知道有哪些人在遊艇上。」328 這個數字到底怎麼來的？非常明顯，原本的數字是 100 公尺，一個日常生活中常常會使用的漂亮數字。如果原始報導來自美國，數字很可能會是「超過 300 英尺」或「超過 100 碼」。

圖 8.4：親密感十足的 68 公尺（223 英尺）遊艇

　　這類公制轉英制的問題不勝枚舉，使得尋找 328 倍數的數字，幾乎可以成為數字怪咖的一種同樂遊戲。例如，一則有關美國聯邦通信委員會 (Federal Communications Commission, FCC) 針對美國行動電話監管規定的報導提到：「使用行動電話基礎技術的營運商，必須能將 67% 的通話位置定位在誤差 164 英尺的範圍內。而使用網路基礎技術的營運商，定位的精準度則可以放寬到 328 英尺。」一則關於印度機場跑道寬度的報導提到：「跑道寬度為 656 英尺，而印度政府規定的標準寬度為 984 英尺。」將這些數字轉換回公尺，就會發現所有數字都是 50 或 100 公尺的倍數。

　　還有哪些常見的數字轉換倍數呢？2013 年，科技新聞網站 Slashdot 報導：「法拉利 (Ferrari) 推出了自家有史以來最快的跑車，這款油電混合車的引擎功率接近 1,000 馬力，車款命名為 LaFerrari。LaFerrari 從靜止加速到每小時 62 英里不到 3 秒，7 秒內就能加速到每小時 124 英里，15 秒內可達每小時 186 英里。」這些畸零數字怎麼得出來的？法拉利跑車由義大利生產，那裡的速度是以每小時行駛公里數計算，而 1 公里等於 0.62 英里。上述 3 個速度數字分別對應到每小時 100、200 和 300 公里。汽車一般來說會以靜止加速到每小時 100 公里為比較標準，而每小時 300 公里只是為了吹噓法拉利的速度，平常應該開不到那麼快。我們又找到另一個盲目從公制轉換到英制的例子，你可以將 0.62 這個倍數記起來。

　　當然也有從英制轉換到公制的問題。就如同大家會對超過 4,000 公尺的阿爾卑斯山峰感興趣般，美國也出現過類似的數字，例如，根據目前的記載，阿第倫達克山脈 (Adirondack) 中有 46 座山峰超過 4,000 英尺高。理所當然，我們輕易就能在美國之外國家的報導中找到，這些山峰「超過 1,220 公尺高」。參考這則 2009 年刊登於《旅行醫學期刊》(*Journal of Travel Medicine*)，有關搜救行動的文章片段：「最常需要救援的區域，位在 1,524 到 4,572 公尺的深山區域。」這兩個數字分別對應到 5,000 和 15,000 英尺。

　　而一篇關於軍事武器的報導則提到：「M16A1 突擊步槍並無法提供較重的 M855 子彈足夠旋轉，讓子彈在飛行時保持穩定，導致在訓練或實際作戰時，射擊狀況不穩定或無法準確射擊。因此只能在戰況緊急時使用，並且只能在 91.4 公尺以內的近距離作戰使用。」在和敵軍交火時，我更希望能夠聽到一個一聽就懂的數字，例如一個足球場的大小，而不是還要思考「91.4 公尺」到底是多長。

　　最後一個例子，圖 8.5 是我在附近的玩具店拍下的一張英制轉換公制的照片。

　　盲目轉換公制和英制長度單位的問題層出不窮，而盲目轉換公制和英制重量單位的問題也不遑多讓。2016 年 4 月，《每日郵報》報導：「蘋果從去年回收的電子裝置中，回收了 2,204 磅的金……整整價值 4,000 萬美元。」

圖 8.5：虛假精確的英制到公制轉換

　　4,000 是很漂亮的數字，但現在你應該能馬上察覺，2,204 似乎顯得異常精確？沒錯，1 公斤等於 2.204 磅，因此只要是從公制重量轉換為英制重量，就很容易發現 2.2 或 2.204 的倍數。原本的數字肯定是 1,000 公斤，而黃金的價格肯定是每公斤 40,000 美元左右。

　　報導繼續提到：「蘋果同時也回收了 6,612 磅的銀、2,953,360 磅的銅和 23,101,000 磅的鋼。」前兩個數字也是 2,204 的倍數，第三個數字經過不同的處理流程後，同樣得到過度精確的數字。

　　緝毒新聞中也常常會看到重量轉換問題，例如以下是 2017 年的某些新聞標題：

「攜帶 22 磅大麻的男子獲得緩刑。」

「警方在兩名嫌犯家中發現 22 磅古柯鹼，並且直接逮捕兩人。」

「交通臨檢時發現 44 磅安非他命。」

「交通臨檢時發現 55 磅古柯鹼，價值 750,000 美元。」

　　幾乎可以肯定 22 和 44 磅等數字原本是 10 和 20 公斤。而至於最後一個 55 磅，大概是來自於 25 公斤，而利用每公斤 30,000 美元的概略價格評估，就可以得出古柯鹼的黑市總價值約為 750,000 美元。

　　毒品重量也會出現英制轉換為公制的問題，2017 年 5 月的一則報導提到，美國海岸防衛隊 (US Coast Guard) 截獲「預估約 454 公斤的海洛因」，可以肯定這個數字原本是 1,000 磅。

圖 8.6

8.3 溫度轉換

目前的例子中，提到的單位之間都是簡單的倍數關係：重量為 2.2 倍、長度為 3.28 倍等等。相對來說，攝氏 (Celsius) 和華氏 (Fahrenheit) 的溫度轉換就稍微較複雜，原因是攝氏 0 度不等於華氏 0 度。這會導致另一種類型的混淆，氣候變遷網站上的這則評論可以當作一個例子：

「如果攝氏 1 度等於華氏 33.8 度，那麼攝氏 0.5 度不就應該等於華氏約 17 度嗎？由於攝氏 1 度等於華氏 33.8 度，而圖表顯示，溫度上升的趨勢大約自 1980 年就開始，假設平均溫度在這段期間只上升了攝氏 0.5 度，就會相當於上升華氏 17 度。你只要將空調調高 17 度，就能明顯感覺到溫度差異。」

評論想說的是，氣候變遷導致攝氏溫度上升 0.5 度，將會相當於華氏溫度大幅上升 17 度，這個溫度變化會超級明顯，因此氣候變遷並不存在。又或者作者其實想說，氣候變遷發生時，大家一定能明顯感受到。我並不確定作者想表達的是哪一種。

這則從登山書籍中摘錄的內容，也出現完全相同的問題：「高度每增加 100 公尺（330 英尺），溫度就會下降約攝氏 1

度（華氏 33.8 度）。」

　　溫度的混淆讓我想起在第 6 章中提過文字表達上的問題：「平方英尺和英尺的平方」。而這裡則是搞混了以下兩者：攝氏 1 度 (1 degree Celsius)，指的是一個特定溫度；（上升／下降） 攝氏 1 度 (1 Celsius degree)，指的是兩個溫度間的差異值。

　　當溫度上升或下降攝氏 1 度時，則溫度變化為上升或下降華氏 1.8 度。因此如果溫度從攝氏 1 度上升到攝氏 2 度，則會從華氏 33.8 度上升到 35.6 度，反之亦然。

　　如果轉換並非單純倍數關係，就要多加留意，計算出正確數字的過程，也會比較複雜一點。

8.4 排名問題

> 「普林斯頓大學是全國排名第一的大學。各學校根據
> 一系列大家普遍認同的優異指標來進行排名。」
> ——《美國新聞》(U.S. News & World Report)
> 2017 年美國大學排名

　　我任教的普林斯頓大學的優異表現，能夠得到大家讚賞和公開認可，當然是件值得高興的事。普林斯頓大學從我 1999 年開始在那裡任教後，幾乎每年都獲得全美大學排名第

一。唯二例外是，我休假的某一年，以及另一年《美國新聞》似乎因為筆誤，將普林斯頓大學排到了第二名。

當然，將普林斯頓大學捧到美國第一學府，實在是過譽了。普林斯頓大學是所好學校，能夠提供學生許多資源，但也僅是眾多好學校中的一間，普林斯頓大學特別得到某位學生喜愛的特色，在另一位學生眼中也許不見得重要。

大學排名也是其中一個過於精確計算的例子。另一個常見例子是宜居地排名。只要搜尋「最適合居住的城市」(best cities to live in)，就會出現無數文章，推薦大家認為最適合居住和工作的城市。令人意外的是——或許也沒那麼意外——每篇文章推薦的城市都大不相同。我的搜尋結果中，前 6 個網站的清單中的前五名城市完全沒有重複。

產生這類排名的流程，基本上十分簡單。首先決定大家覺得重要的因素，以大學排名來說，大致上包含學費、標準測驗分數、教室大小，以及收到的捐贈多寡等等；城市排名的話，則會包含房價、附近學校優劣、大眾運輸，以及文化設施等等。接著就要收集各項因素的資料，然後轉換為具體分數。接下來給每項因素分配權重，例如測驗分數結果佔大學評分的 25%，收到的捐贈多寡佔 10% 等等。結合各項因素的分數和權重，計算出每間大學或城市的最終評分，然後按照分數高低排序。清單中最高分的大學或城市，就是最好的大學或最適合居住的城市。

　　從上述的排名產生流程就能非常清楚推論出，為什麼不同資料來源的最佳大學或城市排名大多不同。我們收集的資料通常不太可靠，例如房價或教學品質不見得能具體測量；非數字資料也不見得能良好轉換為數字，例如文化設施很難以單一數字表示；計算總分使用的權重也都是自由給定，例如為什麼是 20% 和 15%，而非 25% 和 10% 呢？不可靠的資料加上自由給定的權重，最後就會得出各種不一致的結果。

　　普林斯頓大學排名之所以經常居冠的其中一個原因，就是《美國新聞》計算排名的一項重要因素為校友捐贈率。普林斯頓校友對學校感情深厚且十分慷慨，約有 3 分之 2 的校友每年都會捐款給學校，因此如果校友忠誠度是評分的唯一因素，則普林斯頓大學在全美大學排名永遠都會拿到第一。

　　當然，我不是說排名一文不值，但將排名看得太重顯然過於愚昧，當然也沒有理由相信其他學校的排名絕對正確。

　　《城市評級年鑑》(Places Rated Almanac) 這本年刊，試圖根據氣候、住房成本、犯罪率和大眾運輸等 9 項因素，全美國 329 座大城市的居住適宜度。1987 年時，貝爾實驗室 (Bell Labs) 的 4 名統計學家發表了一篇論文，題目為「《城市評級年鑑》之數據分析」(Analysis of Data from the Places Rated Almanac)。論文作者指出，只要適當調整評分因素的權重，就能夠讓其中 134 座城市中的任何一座成為第一名，或是讓其中 150 座城市中的任何一座成為最後一名。值得注

意的是，其中 59 座城市只要適當調整權重，就有機會成為第一名或最後一名。自從閱讀了這篇論文後，每當我看到根據多項加權因素產出的排名時，都會告訴自己千萬要注意「城市評級」的案例，然後保持懷疑態度看待排名結果。

8.5 結　論

「引用的數字資料比實驗觀察到的數據更精確，最能表現科學素養的不足。」

——梅達沃 (Peter Medawar)，
諾貝爾獎得主、生物學家

某個高精確度的數字，某種程度上代表這個數字比低精確度的數字還要準確，因此人們會認為這個數字更重要或更有意義。高精確度的數字會讓我們的潛意識認為，數字更具權威性。

精確度 (precision) 和**準確度** (accuracy) 並非同一回事。以下是我的朋友和 Amazon 智慧音響 Echo 上的語音助理 Alexa 之間的對話：

朋友：「Alexa，天氣預報說今天會下雪嗎？」
Alexa：「今天很可能下雪。降雪機率為 78%，積雪深

度約為 0.73 英寸。」

朋友：「哇，Alexa 給出的數字好準確喔。」

　　Alexa 的數字確實很精確，但我相信從你對天氣預報的經驗可得知，Alexa 不太可能給出非常準確的預報。

　　雜誌封面也可以找到許多過度精確的例子，雖然大多無傷大雅。雜誌喜歡使用「購買任何東西都能更省錢的 43 種方法」（《消費者報告》）、「487 種當紅新造型」（《哈潑時尚》，*Harper's Bazaar*），這類引人注目的字句。一定是市場研究已經得出，相較於漂亮的整數，這類虛假精確的數字更能吸引大家購買雜誌的結論。

　　報紙也無法避免使用引人注目的「精確」數字，例如：

1,101,583,984.44 美元

「《環球郵報》的調查指出，加拿大未繳納的證券罰款高達以上金額。監管機關每年開出 1 億美元的新罰單，意圖塑造徹底打擊違法的形象，但實際繳納的罰單微乎其微。」

> ——《環球郵報》(*The Globe and Mail*)，
>
> 2017 年 12 月 22 日

　　這是個非常精確的數字，整整高達 12 位**有效數字** (significant figures)，因此這個數字一定很重要。在原本的報紙中，印刷的字體足足有半英寸大，絕對能夠吸引讀者的注意力。報導繼續提到，監管機關僅僅收到一小部分到期罰單的罰款，這是報社結合 30 年的記錄計算出的結果。

　　此外，精確度也有點不切實際。報導繼續提到：「然而，《環球郵報》並無法從所有監管機關手中，取得未繳罰款的完整歷史資料，因此真實數字可能更大。」

　　既然真實數字有可能更大，為什麼能夠得到 12 位數的精確數字呢？想必是這樣高達 12 位數的數字，比起「超過 10 億美元未繳納的證券罰單」這樣無聊的標題，更能吸引讀者目光吧。

　　許多過度精確數字的例子，可能是因為直接轉換不同系統的單位，或者是盲目寫下計算機顯示的數字，往往都沒有考慮過原始數字的精確度。兩種作法都不正確。

　　此外，結合近似值的資料（有時甚至並非數字資料）或使用自由給定權重的因素，就會產生眾說紛紜、能夠引發熱烈討論的排名結果，幾乎無法得出有意義的結論。請務必對所有排名結果持保留態度。

圖 8.7

第 9 章
謊言、該死的謊言、統計數字

「耶魯大學 1924 年的畢業生平均年薪為 25,111 美元。」
　　──赫夫 (Darrell Huff)《別讓統計數字騙了你》
　　(*How to Lie with Statistics*)，1954 年

　　這是赫夫絕妙小書中舉的第一個例子，這本書介紹了許多統計騙術，十分精彩。就算現在閱讀起來，也和 60 多年前剛出版時一樣有趣且具教育意義。

　　赫夫的書名影射了著名格言：「謊言有 3 種：謊言、該死的謊言、統計數字。」一般認為，1874 到 1880 年間擔任英國首相的迪斯雷利 (Benjamin Disraeli)，最先講出了這句格言。迪斯雷利在 1881 年就去世，但一直到 1891 年，才首次在文獻上找到了這句格言的記載。

　　姑且不論這句格言最初到底出自於誰，格言表達出人們對統計數字常被故意或不小心用來誤導大眾的嘲諷，酸意十足但又不無道理。本章中將會一起討論一些例子。本書並非統計學書籍，但會告訴大家一些基本統計概念，只要了解這些概念，就能幫助你避免受到統計數字愚弄。

9.1 平均數和中位數

　　赫夫提出了 25,111 美元這個數字的兩個爭議點。第一，這個數字「超乎異常精確」，呼應了前一章的主題。可以想像

數字是由某個人調查了好幾位耶魯校友的年收入，加總結果後再除以受訪人數得出。這聽起來就像是先前討論的盲目使用計算機，對吧？

雖然我能夠大概估算出我的年收入，但我並不知道確切數字。報稅時，我會計算出更準確的年收入數字，但仍然可能會和實際數字有所出入。我相信你的狀況大概也差不多。

設想你在填寫校友年刊的調查時，會提供比寄送給稅務機關更精確的收入數字嗎？當然不會。如果你覺得回覆很麻煩的話，大概只會估算一個差不多的數字，四捨五入到剩下 1 或 2 位有效數字。加總許多四捨五入過後的年收入近似值，然後計算出精確到 1 美元、1 英鎊或 1 歐元的平均數，就是一個虛假精確的絕佳例子。

此外還有另一個潛在的嚴重問題，如果調查的校友中，包含幾個年收入異常高的**離群值** (outlier)，這些數據會讓平均數嚴重偏移。假設我們想要計算過去 40 年左右，哈佛肄業生的平均資產。首先我會猜測哈佛肄業生的平均資產，應該會低於讀完 4 年的哈佛畢業生，但我卻能找到幾個值得注意的例外：微軟創辦人比爾蓋茲、臉書 (Facebook) 創辦人祖克柏 (Mark Zuckerberg)，兩人的資產加總至少有 1,500 億美元。

究竟哈佛有多少肄業生呢？哈佛有 6,600 名大學生，因此每年約有 1,650 名新生（還記得利特爾法則嗎？）。哈佛大學生在 6 年內畢業的比率約為 97%，因此整體來看，每批學

生只有 3% 無法完成學業，也就是每年約有 50 人肄業，40 年約有 2,000 人肄業。

假設這些相對不幸的肄業生，每人總資產為 10 萬美元，相當於全部人總共 2 億美元。

根據耶魯大學報導的計算方法，哈佛大學肄業生的總資產為 1,502 億美元（比爾蓋茲和祖克柏的 1,500 億，加上其他 2,000 人總共 2 億），除以 2,002 人，得到平均數 75,024,975 美元。這個數字單純從計算上來說並沒有錯，但實際上卻是完全誤導的資訊。只要在計算群體中包含幾個遠遠過大或過小的數字時，計算出的平均數就會出現這樣的誤導資訊。

要呈現肄業生收入狀況這類型的數字，還有另一個更好的方法：**中位數**（median），也就是一組數據中最中間那個數值。比中位數大的數值和比中位數小的數值一樣多。假設輟學生的總資產中位數為 10 萬美元，就算比爾蓋茲和祖克柏在群體中，也完全不會影響到中位數。實際上，就算再加入幾百個超級有錢人和一群三級貧戶，中位數也不會改變。

看到**平均數**（average，比較正式的英文同義詞為 mean）的時候要小心，離群值會讓結果產生偏移。一般的**算術平均數**（arithmetic average）在群體數值分布良好時才適用，例如一大群人的身高和體重等等。但有明顯的離群值時，算術平均數就不值得參考。在這種狀況下，中位數是更具代表性的統計數字：群體中一半數值會在中位數之下，一半在中位數之上。

圖 9.1：這就是哈佛肄業生的平均水準？

「哈佛大學生的分數中位數為 A–，而最常得到的分
數則為 A。」

——《哈佛緋紅報》(*Harvard Crimson*)，

2013 年 12 月 3 日

　　另一個常見的統計數字為**眾數** (mode)，也就是群體中最
常出現的數值。哈佛大學生的成績眾數為 A。

9.2 抽樣偏差

「根據《美國退休人協會雜誌》(*AARP*) 的調查，在
55 歲以上接受調查的人當中，約有 48.7% 表示他們樂
於參與調查。」

——《紐約時報》，2005 年 11 月 12 日

　　赫夫在耶魯大學 1924 年畢業生平均年薪的調查中，還觀察到另一個現象，他認為調查得出的平均收入「異常寬裕」。如果是以現在（譯註：本書原著作於 2018 年出版）的美元價值來看，每年 25,000 美元接近最低薪資，但如果將 1954 年的美元轉換為 2018 年的美元（使用 www.usinflationcalculator.com 網站換算），當年的 25,000 美元大約是現在的 230,000 美元。

　　赫夫推測，受訪者大多是成功的校友。未能功成名就的校友不願意跟同學分享自己沒沒無聞的人生，而且也可能更難追蹤。因此年薪平均數很可能根據**偏差樣本** (biased sample) 得出，也就是調查樣本都是相對成功的校友。

　　類似問題也可以套用到《美國退休人協會雜誌》上。如果參與調查的人，只有不到一半表示喜歡參與調查，那麼代表所有人當中有超過一半的人不喜歡參與調查，因此我們可以大膽假設，還有許多人完全拒絕參與調查。以整個群體來看，樂於參與調查的人數比例，很可能會比調查得出的結果還要低。此外，我們也不清楚到底有多少人參與調查。樣本人數越少，調查結果就越可能不具意義。

　　抽樣偏差 (sampling bias) 和**抽樣誤差** (sampling error) 是許多預測失敗的原因。其中一個知名例子是 1936 年的美國總統選舉。當時《文學文摘》(*The Literary Digest*) 根據寄送給 1,000 萬名讀者後回收的 230 萬份調查預測，共和黨候選人蘭

登 (Alf Landon) 將大幅領先勝選。然而結果卻是，民主黨候
選人羅斯福 (Franklin Roosevelt) 以壓倒性的票數勝出，贏得
近代史上票數差距最大的勝利。

統計學家和政治迷們，不斷研究這次民意調查失敗的原
因。《文學文摘》預測錯誤的其中一個原因，似乎是雜誌的讀
者大多為共和黨支持者，而且這些讀者相較於一般民眾更熱
衷於政治。因此樣本本身就有偏差，樣本大多數都是共和黨支
持者，此外回覆調查的讀者，絕大多數都是強烈反對羅斯福的
選民。因此雖然樣本數非常大，但卻完全無法代表美國選民。

相反地，蓋洛普 (George Gallup) 使用精心挑選的樣本，
僅僅調查了 50,000 名潛在選民，就成功預測這次選舉結果，
也因此開始了他的全國民意調查生涯。《文學文摘》 雜誌於
1938 年停刊，而蓋洛普民意調查 (Gallup Poll) 則一直生存到
今天。

2016 年美國總統選舉時，民意調查遠比 1930 年代還要
複雜許多，而調查結果一致認為希拉蕊 (Hillary Clinton) 高機
率勝選。然而最終結果卻是，希拉蕊雖然普選票略勝對手川
普 (Donald Trump) 300 萬票，但最終卻是川普贏得選舉人票，
在總統選戰中勝出。民調公司是否漏掉了一些重要的川普支
持者？或者人們並沒有誠實回答民意調查問題？又或者選民
在最後一刻才改變想法？統計學家和政治迷們在未來幾年，
必定也會繼續研究這次選舉吧。

9.3 倖存者偏差

> 「『吸菸有害健康』只是一個謊言。我已經抽了 45 年
> 的菸，卻還活得好好的。事實上，在過去 45 年中，我
> 從未患上任何嚴重疾病，包含癌症、心臟疾病、肺氣
> 腫、癡呆、關節炎。什麼疾病都沒有。」
>
> ——Wordpress 部落格，2016 年

> 「在美國，吸菸是導致可預防疾病和死亡的主因，每
> 天造成超過 480,000 人死亡，相當於每 5 例死亡中，
> 就有 1 例是由吸菸導致。」
>
> ——美國疾管局，2017 年

　　非常努力工作就能變有錢嗎？比爾蓋茲和祖克柏就是靠
勤奮工作致富。投資人的選股能力有可能超越絕大多數的人
嗎？巴菲特等等傳奇投資人都成功投資了數十年。即使吸菸
喝酒也能活到長命百歲嗎？某些百歲人瑞會說完全可以。

　　然而，我們並無法從上述案例歸納出結論，因為這些都
是**倖存者偏差** (survivor bias) 的例子，這些案例並不具代表
性，而是特別挑選出來的倖存案例。能夠得出不同且更準確
結論的資料已經不復存在，沒有存活下來的人並不會出現在
被調查的群體中。前面提到的部落客顯然很健康，是幸運的

倖存者，並無法證明吸菸不會影響健康。

9.4 相關性和因果關係

　　其中一個常見的統計錯誤，就是搞錯因果關係。僅僅因為兩件事物的變化比例相當，並不能推論出兩件事物之間存在因果關係。有一個非常搞笑的網站 (tylervigen.com/spurious-correlations) 呈現了許多存在相關性，但卻沒有任何因果關係的資料。例如，從 2000 到 2009 年，緬因州 (Maine) 的離婚率與人均人造奶油消費量幾乎完美相關；美國人花費在寵物上的錢與加州律師人數也幾乎完美相關。

　　上述兩個例子中的事物明顯毫無關係，但以下這個例子呢？

　　「研究顯示，喝氣泡飲料會促使青少年出現暴力行為。」

　　　　　　　　　　　——《華盛頓郵報》(Washington Post)，

　　　　　　　　　　　　　　　　　　　2011 年 10 月 23 日

　　這篇文章接著提到：「大量飲用碳酸含糖氣泡飲料，與攜帶槍枝、刀械，以及對同儕、家人和伴侶施暴顯著相關。」這個研究的樣本僅僅是波士頓 (Boston) 的 1,800 名學生，樣

本太小已經讓人覺得十分可疑。但真正的問題在於，許多其他的因素，例如社經地位低下，已經能夠同時解釋暴力傾向和不健康的飲食選擇。研究找到一些相關性（內文提到「顯著相關」），但新聞標題卻轉化為錯誤結論，也就是喝汽水會「促使青少年出現暴力行為」。新聞中常常可以看到，這類從相關性直接跳到因果關係的作法，大家需要特別小心。

　　核心原則就是：相關性不代表因果關係。許多年來研究人員早已發現，抽菸和癌症風險增加高度相關，但經過了一段時間後，研究人員才充分了解細胞損壞機制，能從而解釋抽菸如何誘發癌症。在氣候變遷、食用過多糖分和許多其他議題中，似乎也都是相同的進展過程。

9.5 結　論

　　統計學是一門大學問，我們必須經過訓練並擁有足夠經驗，才能正確使用統計方法。本章提到的只是其中一小部分的主題，能夠讓你了解最基本的知識，避免受到錯誤統計主張和推理的誤導。

　　算術平均數一般來說能夠用來描述一組數字的特徵，但有時使用中位數會更合適。因為中位數是一組數字中最中間的數值，所以較不容易受到像是比爾蓋茲或祖克柏，這類極端離群值的影響。

　　大部分的統計結果，都是根據群體中的某些樣本得出，而非整個群體。因此如果採用的樣本不夠具有代表性，統計結果就很可能出現嚴重的抽樣偏差。當然民調公司完全知道這個問題，但仍然很常得出偏差統計結果，以及從無法代表全體群體的樣本中得出結論。

　　倖存者偏差是另一種類型的抽樣偏差。無論是認為群體中的某些個體不重要，或是單純這些個體目前不在群體中，因此故意或不小心排除了群體中的某些個體，都可能導致過於樂觀而誤導閱讀者的結果。

　　相關性並不代表因果關係。即使兩件事貌似同步變化，也並不代表它們存在因果關係。也可能存在第三個因素同時影響兩者，或者單純就只是巧合，就像先前提到的離婚率和消費人造奶油的例子。

圖 9.2：相關性

第 10 章

圖表誤導

「（誤導的圖表）效果顯著。然而，因為這些圖表並沒
有加上任何形容詞或副詞，來破壞客觀的假象，所以
並沒有任何人能夠將錯誤資訊強加給你。」

——赫夫《別讓統計數字騙了你》，1954 年

　　《別讓統計數字騙了你》一書，說明了許多常用於誤導
或欺騙的繪圖技巧。如今，利用電腦，透過 Excel、Photoshop
等圖表繪製、圖片處理工具，騙術可遠遠比 60 年前還要複雜
許多。我可以想像赫夫必定能找到許多新材料，撰寫這本經
典著作的全新版本。

　　本章中，我們將會探討某些圖表誤導，大部分赫夫的書
中都有提到。只要看過其中一些例子，就能夠在許多資料中
覺察到類似手段，讓自己更不容易受到圖表誤導。如同本書
中討論到的其他主題，在日常生活中找出更多類似例子也十
分有趣，因此學習到這些知識後，你會發現自己能夠以更具
評判力的眼光，閱讀新聞或網站資料。

10.1 驚奇圖表

　　2010 年 5 月 6 日，美國股票市場遭遇一波激烈下殺，那
次可怕的暴跌現在稱為「閃崩」(flash crash)。下圖中，垂直
軸為道瓊股價指數，而水平軸則為當天的時間。

　　你可以看到指數在下午 2 點 45 分跌到谷底，直到下午 4 點收盤前，才反彈回升到之前價格的 3/4 左右。暴跌到底部持續的時間非常短。

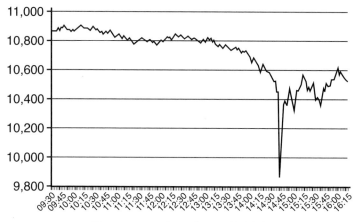

圖 10.1：2010 年 5 月 6 日「閃崩」

　　然而，如果更仔細閱讀圖表的話，會發現垂直軸並非從 0 開始，原點是 9,800。從 9,800 而非從 0 開始，會極度誇大垂直軸，讓大家感覺到的股價變動遠遠高於實際狀況，這就是赫夫稱此類圖表為「驚奇」圖表 (gee-whiz graph) 的原因。

　　如果將垂直軸原點恢復為 0，就會畫出不怎麼吸引人目光的下跌圖，請參考圖 10.2。雖然對投資人來說依然很可怕，但新圖表告訴我們，閃崩的最大下跌幅度不到 10%，而總下跌幅度也不過略高於 3% 而已，還不到世界末日。

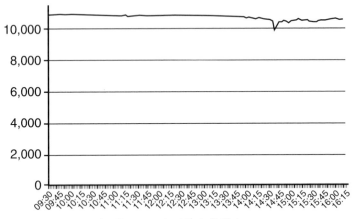

圖 10.2：未經誇大的閃崩

　　驚奇圖表並非總是如此驚心動魄。例如，圖 10.3 呈現了
推特 (Twitter) 活躍使用者的每月成長，使用者人數以百萬為
單位。這份數據取自推特預計在 2013 年上市時，提交給美國
證 券 交 易 委 員 會 (US States Securities and Exchange

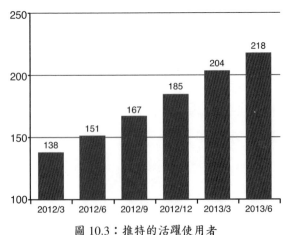

圖 10.3：推特的活躍使用者

Commission) 的 S-1 表單 (Form S-1)，並且經過重新繪製。

　　圖表最右側的垂直長條線是最左側的 3 倍，因此讓人覺得推特使用者人數在 18 個月內成長了 3 倍。然而，如果垂直軸使用 0 當原點，不要使用 100，就會帶來完全不同的印象：使用者人數由 1.38 億成長為 2.15 億，也就是成長了 1.56 倍，請參考圖 10.4。

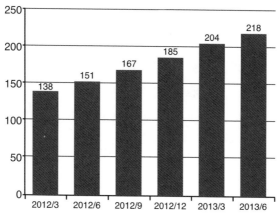

圖 10.4：推特活躍使用者成長較不驚奇的版本

　　1992 年出版的 《定量資訊的視覺呈現》 (*The Visual Display of Quantitative Information*) 一書的作者塔夫特 (Edward Tufte)，對於圖表是否應該寫出 0 有不同的看法。

　「一般來說，時間序列資料的呈現是使用基準線，而不是用 0 作為原點。如果繪製資料時可以合理畫出 0 這個點，那當然沒什麼問題。但請不要浪費大量垂直

軸空間，留下許多空白只為了能夠向下延伸到 0 這個
點，這麼做的代價是隱藏了資料線本身的變化（《別讓
統計數字騙了你》提出每張圖表都需要畫到 0 的論點，
實際上並不正確）。」

——www.edwardtufte.com/bboard 網站

　　繪製圖表並沒有唯一正確方法，但需要特別小心，驚奇
圖表會讓微小差距看起來變得巨大，往往會欺騙到閱讀者。
雖然驚奇圖表可能也是出於良善動機，畢竟一大片區域都是
空白的圖表，不太可能吸引閱讀者的目光，而且放大的刻度
更容易讓閱讀者看到資料細節，但我仍對這類圖表存疑。

10.2 斷軸座標

　　有時你會看到類似前面提到的長條圖，垂直軸最下方的
原點雖然為 0，但軸上有兩條斜線，代表垂直軸省略了一些
刻度，畫出來的圖表就會和驚奇圖表效果相當。圖 10.5 的例
子中，圖表上非常明顯標示出資料經過截斷，但某些狀況下，
圖表並無法明顯看出資料經過截斷。

　　少數情況下，會看到圖表的水平軸和垂直軸一樣出現截
斷，或者可能會看到非均勻分布的水平刻度，這類圖表又更
加危險，原因是這會讓圖表看起來比未經處理的原始圖表更

平順，進而讓閱讀者認為，現實的狀況也平穩進展，但實則不然。第 11 章中將會看到絕佳例子。

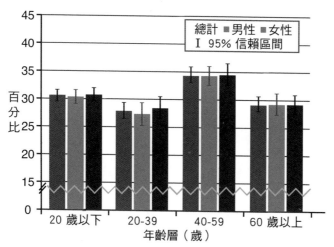

圖 10.5：資料來自美國國家衛生統計中心
(National Center for Health Statistics)

10.3 圓餅圖

圓餅圖 (pie chart) 常用來呈現一組互斥的選擇間的比例狀況。圖形中每一片餅的面積所佔整個圓餅圖的百分比，對應到各選項所佔的比例。圓餅圖同樣可以用來模糊或扭曲資訊。最常見的情況就是使用透視圖 (perspective view) 呈現圖表，因為這會讓面積扭曲，靠前的部分看起來更大。

　　比較一下圖 10.6 中的兩張圖表。這兩張圖表呈現完全相同的資料：4 個完全相同的數值，每片餅各佔整個圓餅圖的 25%。左側圖表準確呈現出正確比例，每片餅的面積都等於整個圓餅圖的 1/4。右側圖表卻扭曲了資料，下面兩片餅的面積，看起來比上面兩片還要大得多。

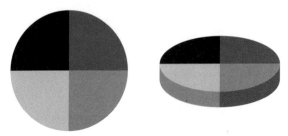

圖 10.6：使用相同資料的兩張圓餅圖

　　毫無疑問，圓餅圖中的數值加起來應等於 100%。我實在不清楚要如何理解圖 10.7 中的例子。這張圖來自《福斯新聞》(Fox News)，3 位候選人的支持率加總為 193%。

你支持哪一位2012年
共和黨總統候選人？

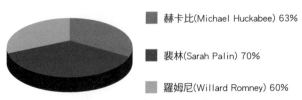

■ 赫卡比(Michael Huckabee) 63%

■ 裴林(Sarah Palin) 70%

■ 羅姆尼(Willard Romney) 60%

圖 10.7：非常高的支持率？

10.4 一維圖片

　　美國聯邦政府會透過佩爾助學金 (Pell Grant) 計畫，提供低收入家庭的學生經濟援助，幫助學生順利上大學。圖 10.8 取自 2016 年普林斯頓大學的新聞稿，資料顯示 2020 年的入學新生，相較於 2008 年的入學新生，符合佩爾助學金資格的比例大幅增加。

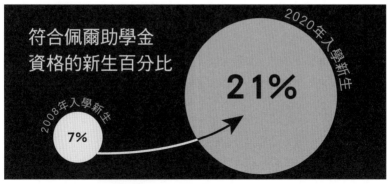

圖 10.8：符合佩爾助學金資格的新生比例大幅增加！

　　真的是這樣嗎？如果忽略圖片，只專注在實際數字上，會發現符合佩爾助學金資格的新生比例，在 12 年間從 7% 上升到 21%。3 倍的成長確實值得鼓勵，但兩個圓形的視覺衝擊誇大了實際成長比例。如第 6 章所述，面積增加的倍數是半徑增加的倍數的平方，因此右側圓形的面積，足足是左側圓形面積的 9 倍，而且字體放大倍數也遠遠超過 3 倍。因此

一般閱讀者很可能會受到圖片的衝擊，感覺人數像是增加了
10 倍，而非更準確的 3 倍。

　　這就是赫夫所說的**一維圖片** (one-dimensional picture) 的
一例，也就是使用面積甚至體積的圖片，來呈現原本應該使
用線性刻度呈現的資料數值。一維圖片經常會用來製造誇大
實際比例的效果。然而有時為了讓平凡的數字看起來更吸引
人，嘗試使用圖片表達後反而導致失敗結果。圖 10.9 準確使
用高度來呈現兩個數值，請試著比較圖 10.8 和盡可能簡潔的
圖 10.9。

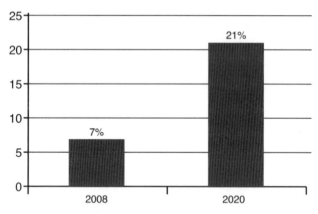

圖 10.9：符合佩爾助學金資格的新生人數百分比成長為 3 倍

　　這張圖表很無聊，對吧？但圖表正確傳達了資訊，而不
會誤導任何人。然而，如果你喜歡用圓形表達的話，也可以讓
面積和數值成比例，並且使用相同字體大小，如圖 10.10。

　　右側圓形的面積為左側圓形的 3 倍，正確呈現了對應的
數值。

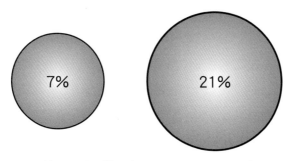

圖 10.10：符合佩爾助學金資格的新生人數百分比成長為 3 倍

　　當然如果只有兩個數值，繪製圖表也不見得能帶來什麼
幫助，只要直接描述符合佩爾助學金資格的人數百分比成長
了 3 倍，從 2008 年入學新生的 3%，成長到 2020 年入學新
生的 21%，就已經足夠。

　　使用面積錯誤呈現線性測量值已經很糟，但還有更糟的
作法。圖 10.11 是我一直以來最喜歡舉的例子。研究生的夏
季津貼 (summer stipend) 支出提高了接近 4 倍，從 500,000 美
元提高到 2,000,000 美元，如同圖片中兩隻老虎（普林斯頓大
學的吉祥物）的高度。

　　這張圖片想表達的內容就只有這樣：兩個數字，其中一
個是另一個的 4 倍。圖片讓支出增加看起來十分巨大，但因
為線性增加使用三維的老虎來呈現，我們的眼睛看到的不是

4 倍增加，而是體積比例增加，也就是 4^3：右側老虎的體積
為左側老虎的 64 倍。

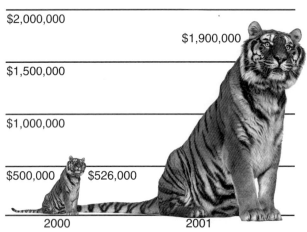

2001年研究生學院(Graduate School)提供人文與社會科學
研究生的夏季津貼，幾乎成長為2000年的4倍。

《研究生新聞》(*Graduate News*)，2001年夏季

圖 10.11：夏季津貼支出大幅提高！

10.5 結 論

　　一張好圖勝過千言萬語，因此一張爛圖應該也相當於千
句誤導話語。本章中可以看到，如何利用不恰當的圖表呈現
數字資料，進而帶給閱讀者錯誤印象。這些例子只是其中的
一小部分，現代科技能夠讓我們輕易繪製出各式各樣極具吸

引力的圖表，包含好的圖表和爛的圖表。

例如，圖 10.12 的圖表中，圓錐（三維物體）誤導程度並沒有想像中的嚴重，原因是所有圓錐底面積都相同，體積僅正比於高度。而垂直軸奇怪的偏移，才是真正誤導閱讀者的地方。如果垂直軸的數值和水平的格線好好對齊，就沒有必要再特別標示出個別項目的正確數值。

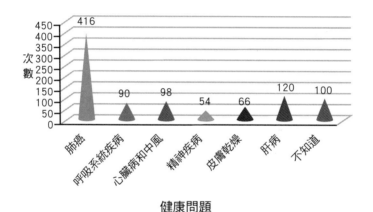

健康問題

圖 10.12：刻意誤導還是只是令人困惑？

所以你應該注意什麼呢？最常見的當然就是驚奇圖表，驚奇圖表的垂直軸，只有寫出資料所在的數值範圍，基本上刪掉了作為參考數值的 0。這會造成數字變化放大的效果，通常閱讀者感受到的數字變化嚴重程度，會大過真實程度。即使使用某些方法截斷垂直軸，暗示某些刻度消失了，也不太能改善誤導的狀況。

　　有時你也會在水平軸上看到類似狀況，水平軸刻度間距可能並不相等。這樣的手段試圖讓趨勢看起來更平順正常，但真實的資料往往並非如此。

　　小心使用透視圖或 3D 效果繪製的圓餅圖。這會讓資訊扭曲，讓圓餅圖靠前的部分看起來比靠後的部分大。

　　小心使用面積或體積呈現線性數值的一維圖片。我們眼睛看到的是面積和體積，因此往往會得到錯誤印象。

　　就算圖表沒有什麼明顯可疑的地方，仍然要小心閱讀。請仔細觀察圖 10.13 中的圖表。

圖 10.13：http://www.medicalnewstoday.com 網站

　　圖表中並沒有水平刻度，但如果數字正確的話，最上方的長條應該比第二條長 3 倍以上。其他長條彼此間的相對比例看起來沒有問題，那為什麼最上方的長條會遭到隨意縮短

呢？很可能單純只是為了美觀，避免一條長條佔據了整個畫面。但這樣的作法卻掩蓋了圖表最重要的訊息：第一個類別，也就是預期死於肺癌的人數，比接下來的四種癌症加起來的人數還要多。

　　無論是故意誤導閱讀者，或只是嘗試讓圖表看起來更吸引人而不小心造成誤導，圖表誤導的例子真的數不勝數。然而，一旦你看過並了解一些具代表性的好例子後，就能做好準備，避免受到圖表誤導。

第 11 章
偏 見

「今天會有 4,000 名青少年第一次吸菸。」
　　　　——《紐約時報》廣告，2005 年 11 月 18 日

「每天會有 5,000 名青少年第一次吸大麻。」
　　　　——《紐約時報》廣告，2005 年 11 月 4 日

　　這兩篇全頁廣告吸引了我的目光，其中一個原因是，兩篇廣告僅僅相隔兩週，而且兩篇廣告都佔據了《紐約時報》某版面的最後一整頁，想要不看到都難。

　　我們有辦法評估這兩個數字的準確程度嗎？第一步需要應用利特爾法則，原因是這兩則描述都是屬於「每某段時間會發生某件事」的類別。先假設一名青少年如果想嘗試吸菸，會在 13 歲生日時第一次嘗試。以我自己的經驗來說確實如此，所幸我媽媽抓到我吸菸，並且狠狠教訓我一頓，嚴重警告我絕對不准再犯，這件事我一直都很感激。

　　每天有多少小孩滿 13 歲呢？之前已經討論過，以美國來說是 11,000 人，為了簡化計算，先當作 12,000 人吧。如果有 1/3 的年輕人嘗試吸菸，那就是 4,000 人。估計值看起來很合理，有可能稍微高了點。美國疾管局提出在 2016 年，約有 15% 的成年人吸菸，而這個比例正不斷下降，因此如果現在報紙上刊登了類似廣告，數字可能會比當時還要低。

11.1 這些數字是誰提出的？

這兩篇全頁廣告可要花一大筆錢，究竟是誰付錢刊登了廣告？我不太清楚，但有關吸菸的那則廣告提到：「美國兒科學會 (American Academy of Pediatrics)、美國心臟協會 (American Heart Association)、美國肺臟協會 (American Lung Association)、美國醫學協會 (American Medical Association)、家長教師協會 (National PTA) 贊助支持。」這可是一群重量級的支持者，各個協會關心不同面向的重大公共健康問題。

另一篇提到 5,000 名青少年第一次嘗試吸大麻的廣告，就比較難評估。這個數字和吸菸人數接近，因此表面上看來並非不合理，但可以猜測青少年第一次吸大麻的時間可能會比較晚，比如說可能在 16 歲左右。

我自己沒有吸大麻的經驗可以對照，因為在我十幾歲的時候根本就還沒有這種東西。我問了很多年輕人的意見，但沒有得到任何明確答案。數字正確的機會大嗎？吸食大麻在美國大部分的地區並不合法，那麼吸大麻的青少年會比吸菸的青少年多嗎？滿 18 歲或 21 歲的成年人就能合法購買香菸，而且就實際狀況來說，所有人幾乎都已經可以輕易取得。

其中一個能幫助判斷的方法，就是詢問付錢刊登這篇廣告的人。但我同樣不知道是誰付錢買了廣告，但頁面標明是由無毒品美國 (Drug Free America) 聯盟刊登。請注意與前一

批贊助者之間的差異，無論這個議題多麼重要，都要知道無毒品美國聯盟是個單一議題的倡議團體，集中心力試著降低毒品成癮。讓倡議的議題看起來很重要且值得支持，完全符合團體的利益，而達成目標的其中一種方法就是，使用讓人印象深刻且能抓住目光的數字。

2017 年 12 月，國家藥物濫用研究所 （National Institute on Drug Abuse，美國政府機構） 的報告指出，其研究樣本中有 22.9% 的高中生，在過去一個月內曾經吸食大麻，但吸過菸的僅有 9.7%，而 16.6% 曾經使用電子菸之類的吸菸設備。樣本總數為 43,700 名高中生。無毒品美國聯盟的數字非常有可能落在正確範圍內。

新聞媒體理應客觀報導事實，但卻有可能遭到操控。此外，讓人覺得可怕的新聞標題，也能吸引到更多讀者。有一則標題寫到：

「聯合國援助隊員強暴了 60,000 人。」
　　——《太陽報》(The Sun)，2018 年 2 月 12 日

報導接著寫到：「一名吹哨者聲稱，援助隊員在全球肆無忌憚性侵各地居民，聯合國員工在過去 10 年內可能涉及 60,000 起強暴案。」

2018 年 3 月 1 日，陶博 (Amanda Taub) 在《紐約時報》

上的一篇精彩文章提到：「這個數字十分可怕。這是個十分引
人注意的數字，或多或少都有捏造成分。」

　　這個數字是怎麼得出的呢？2017 年聯合國報告指出，聯
合國在前一年的記錄顯示「維和人員性剝削了 311 名受害
者」。一名前聯合國員工，現在是反對這類性侵案件的倡議
者，同時考慮了軍事人員和文職人員，而將這個數字加到
600 人，並且根據只有 10% 的強暴案件會留下記錄的想法，
將數字乘以 10 倍，最後再乘以 10 來涵蓋 10 年期間，得到
60,000 人這個數字。《太陽報》利用這個數字寫出了危言聳聽
的標題，只有更加深入閱讀報導，才會發現數字明顯不可靠。

11.2 為什麼他們在意這些事？

> 「根據美國厭食症與暴食症協會 (American Anorexia
> and Bulimia Association) 的說法，每年有 150,000 名美
> 國女性死於厭食症。」
>
> ——沃爾夫 (Naomi Wolf)
> 《美貌的神話》(*The Beauty Myth*)，1990 年

　　這個數字十分驚人，厭食症儼然已成為公共健康危機。
是這樣嗎？利特爾法則此時又派上了用場。每年有多少美國女
性死亡呢？使用先前估算的數字，每年約有 400 萬名美國人死

亡，其中一半是女性。如果書中的數字準確的話，150,000 名
因厭食症死亡的女性，相當於所有死亡女性的 10%。

　　這明顯不太對勁。毫無疑問，厭食症和暴食症對許多年
輕女性來說是嚴重的健康問題，但 150,000 人這個數字，似
乎是錯誤引用了美國厭食症與暴食症協會提供的原始資料，
原本的資料內容為，約有 150,000 名女性「患有」厭食症，
這和死於厭食症可是天差地遠。無論是否有意為之，人們往
往會自然而然重複帶有錯誤單位的大數字，然後數字就會越
來越誇張，然而只要稍微思考一下，就會發現這些數字根本
就不可能正確。沃爾夫在 1992 年出版的平裝版 《美貌的神
話》中，刪除了這一段描述。

11.3 他們想要你相信什麼？

　　第 10 章中，我們討論過驚奇圖表。如果圖表垂直軸上的
刻度並非從 0 開始，則會放大圖形變化，可能會造成誤導，
同時也提到，水平軸上可能也會有類似狀況。至少就我自己
看過的圖表來說，很少會看到非均等的水平刻度。因為要繪
製非均等水平刻度的難度更高，製圖者更有可能是有目的要
誤導閱讀者才會這麼做。圖 11.1 中的圖片來自於一則電視新
聞，正好就是非均等水平刻度的例子，此外垂直刻度也不均
等，外加了一些驚奇元素。

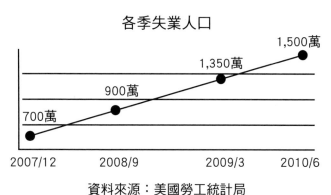

圖 11.1：非均等水平刻度

稍微處理後就能夠重新繪製這張圖表，讓兩軸皆均等，並且將原點設為 0，圖 11.2 可以看到繪製結果。

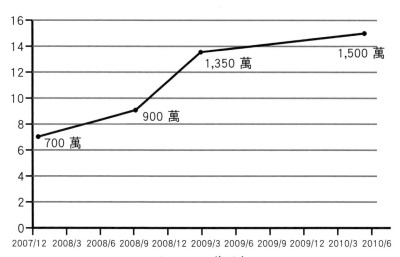

圖 11.2：均等刻度

　　明顯可以看出，實際上升趨勢並沒有原圖那麼平順，而且原圖的時間間隔其實也不相等。我不清楚這張圖表只是為了美觀才如此繪製，還是試圖針對某位總統執政下的失業率提出意見，但無論如何，如此繪製圖表無非是在欺騙閱讀者。

　　槍械管控是另一個在美國十分敏感的議題，根據美國國會研究處 (Congressional Research Service) 在 2009 年進行的調查，美國全國步槍協會 (National Rifle Association) 等等強大的利益團體，導致了全美國幾乎人手一槍的狀況。

　　槍擊死亡案件早已屢見不鮮，每年超過 30,000 件，許多人據此提出警告：

> 「遭槍殺的美國兒童人數，從 1950 年開始年年倍增。」
> ──南西黛 (Nancy Day)
> 《校園中的暴力：在恐懼中學習》
> (*Violence in Schools: Learning in Fear*)，1996 年

　　我在貝斯特 (Joel Best) 的 《該死的謊言和統計數字》 (*Damned Lies and Statistics*) 一書中，第一次看到這個說法，然而這個驚人的說法並站不住腳。假設 1950 年只有 1 名不幸的兒童遭到槍殺，則 1951 年會有 2 名、1952 年 4 名，到了 1960 年會有超過 1,000 名，1970 年超過 100 萬名，1980 年超過 10 億名，1990 年超過 1 兆名兒童遭到槍殺。

　　令人驚訝的是，幾乎完全一樣的報導依然不斷出現。例如，切斯特誇爾斯 (Chester Quarles) 和塔米誇爾斯 (Tammy Quarles) 於 2011 年出版的第二版《校園安全》(*Staying Safe in School*) 提到：「從 1950 年開始，遭到槍殺的兒童年年倍增。」

　　單就這個例子來說，有可能是一開始抄寫時出了點小錯誤，原始資料可能是說「從 1950 年到現在已經倍增」，或是倍增的期間單位為 10 年而非每年。

　　路透社 (Reuters) 在 2014 年發布的圖表，是我看過數一數二奇怪的圖表。圖 11.3 顯示了佛羅里達州在 20 年期間發

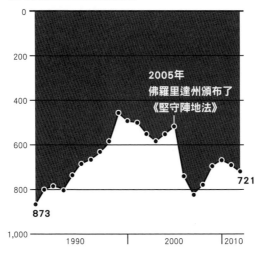

資料來源：佛羅里達州執法部門(Florida Department of Law Enforcement)

圖 11.3：《堅守陣地法》和槍械謀殺案

生的槍械謀殺案。乍看之下，你可能會以為謀殺案的數量，
在《堅守陣地法》(*Stand Your Ground*)（譯註：在受到威脅
或感到威脅時有權保護自身或他人，即使動用的手段可能致
命，而無需考慮是否有安全撤退以避免危險的可能性）頒布
後下降了，但圖表其實反過來了，數量是越往下越大。

　　如果使用正確方法繪製圖表，就會發現似乎在法案實行
後，謀殺案的數量增加了，然而我們其實不太清楚，兩者間
存在因果關係，或是僅僅只存在相關性。

11.4 結　論

　　本章重點為要仔細思考你所得到資訊的來源，並且問問
自己，資訊來源是否想達成什麼潛在目的。這個原則可以應
用到抽菸、食用含糖食品、攝取咖啡因、飲酒和吸食大麻等
健康風險資訊，另外幾乎包含了所有我們可能喜歡做的事。
此外，也可以應用到槍械管控和氣候變遷，特別在美國更是
如此。強大的商業和政府利益團體試圖影響我們，而且確實
也擁有足夠資源來有效說服我們。

　　我們在評估資料正確程度和準確度時，需要時時刻刻思
考資訊的來源。利益團體本來就會強調支持其立場的資料，
並且淡化無法支持其立場的資料，而當有金錢或政治因素涉
及其中時，這樣的傾向就會更明顯。「跟著錢走」確實是個

好建議。利益團體的立場越極端，就越有可能在資料中摻入偏見，就如同奇蹟和魔術般，極端的主張更需要極端充分的證據。

第 12 章
算　術

「我數學一直都不好。」

——無數的人

　　如果我向每位對我說過「我數學一直都不好」的學生收
1 美元，雖然還不足以讓我退休，但我敢肯定，已經足夠讓
我請家人和幾位朋友，吃一頓超級豐盛的晚餐。我認為大部
分的情況下，並非大家真的不會算數學，而是糟糕的教學、
缺乏練習，加上學習動力不足，讓大家根本沒有嘗試學習數
學，就已經放棄了。

　　你的數學一直都還有救。本章中，我們將會探討一些技
巧，能夠幫助你在需要評估他人提供的數字時，更輕鬆計算，
並且能算出你所需要的數字。此外也會提供幾個速算方法，
讓計算更快速，無須依賴計算機，甚至連紙筆都不用。

　　如同我先前所說，本章討論的算術並非你在學校痛苦學
習的「數學」，就只是國小算術的基本加減乘除計算，此外再
進一步採用某些速算法，讓計算更簡單。我認為只要累積一
些算術經驗，你就能游刃有餘自在應用算術技巧。

12.1 算數學！

　　「豐田汽車 (Toyota) 每輛車省下 10 美元成本。根據去
　　年豐田汽車賣出了 302,000 輛 Camry 汽車做計算，去

年總共省下了 3,020 萬美元。」

——《紐約時報》，2006 年 1 月 13 日

喔！正確應該是 302 萬美元。乘或除以 2、10 或 10 的任意次方計算都很簡單，這類錯誤不應該出現，真的出現應該也很容易就能夠發現。

算術就是不斷練習、熟能生巧罷了。一開始可以先練習最簡單的算術，例如檢查數量級，也就是檢查 10 的次方數是否正確，比如說以下這則節錄文章中隱含的算術：

「每年要花 2 億美元 (200 million)，而且需要 3 到 4 年時間。因此需要接近 1 兆 (1 trillion) 美元！」

——奧萊利 (Bill O'Reilly)《福斯新聞》，2010 年

喔！應該是 10 億 (1 billion) 美元才對。

「思科 (Cisco) 的股價暴漲，在 2000 年 3 月，網際網路泡沫 (dot-com bubble) 膨脹到極限時，思科成為全球最有價值的公司，當時的市值為 5.55 億 (555 million) 美元。大家都認為思科會成為全球第一家市值破兆 (trillion) 的公司。」

——《環球郵報》，2017 年 12 月 24 日

　　喔！單位錯了，應該是 5,550 億 (555 billion) 美元才對。
看到以下資料時，請檢查一下百分比：

「Pebble 公司將解雇 25% 的員工 (開出 40 張解雇單)，
公司只會剩下 80 名員工。」
　　　　　　　　　　——slashdot.org 網站，2016 年 3 月

　　喔！如果 25% 等於 40 人，則 100% 等於 160 人，也就
是說 Pebble 應該還有 120 名員工。必定有什麼地方搞錯了。
　　有時實在找不出任何原因來解釋錯誤的計算：

「加州的自來水價格為每加侖 0.10 美分，但瓶裝水的
價格為每加侖 0.90 美分。這代表自來水比瓶裝水便宜
560 倍。」
　　　　　　　　　　——BusinessInsider.com 網站，2011 年

　　我懷疑「0.90 美分」應該要是「90 美分」，這樣的話自
來水就會比瓶裝水便宜 900 倍，但「560」這個數字真的不知
道怎麼算出來的。
　　以上例子想說明的是，開始學習對數字提出懷疑，是增
進算術能力的第一步。相較於對資料提供的數字照單全收，
快速檢查計算是否錯誤才是正確動作。只要花一點時間計算，

你的評論可能就會從「看起來還不錯」變成「等等，不太對勁」。

12.2 約略算術和漂亮的數字

你肯定已經注意到，在決定數字是否合理的過程中，會粗略將數字四捨五入到 2、5 或 10 的倍數，並且調整為容易與其他數字相乘或相除的數字。這樣做基本上不會出什麼問題，因為我們只是要決定某些數字是否在合理範圍內，而非決定這些數字是否完全準確。事實上，許多我們討論的事物，都沒有絕對「準確」或「正確」的答案，因為也沒人知道用來計算的數字準確度到底有多高。

某方面來說，這也凸顯出虛假精確的問題。如果用來計算的數字為近似值，就不可能產出精確的結果。同樣地，如果只能計算出某結果的近似值，那也就不需要使用高度精確的數字來做計算。

輕鬆計算的其中一個方法，就是使用漂亮的數字，如有必要，可以之後再進行調整。例如，本書中也曾使用不同數字代表美國人口，範圍落在 3 億到 3.3 億之間。無論選擇哪個數字，最多都只有 10% 的差異，所以，最終結論因此項因素產生的誤差，最多也不會超過 10%。所以，如果 3 億這樣漂亮的數字，可以讓計算更簡單，那就直接使用這個數字吧，

之後再將最終結果調整 10% 就可以了。這比起一開始就使用
3.3 億來計算簡單多了。同樣地，我們假設的預期壽命範圍，
也落在 65 到 80 歲之間。這通常也已經足夠準確，最多也就
誤差 20% 而已。

12.3 年率和終生率

> 「根據美國癌症協會 (American Cancer Society) 的說
> 法，2003 年美國將診斷出接近 221,000 件攝護腺癌的
> 新案例，相當於每 6 名男性中就有 1 名會診斷出攝護
> 腺癌。估計將會有 28,900 名男性死於攝護腺癌。」
> ——http://www.endocare.com/pressroom/pc_treatment.php 網頁

> 「每 6 名男性中就會有 1 名，在一生中會患上攝護腺
> 癌。而每 35 名男性中就會有 1 名死於攝護腺癌。」
> ——美國癌症協會

請注意這兩則說法的差異，第一則是在今年會患上攝護
腺癌的機率，第二則為會在一生中患上攝護腺癌的機率。第
一則說法犯了常見的錯誤:將年度風險和終生風險混為一談。
第一則說法明顯不可能正確 ，全美國有 1.5 億名男性，
221,000 遠遠小於全美 1/6 的男性人數。另一方面來看，美國

每年約有 200 萬名男性滿 65 歲。如果每 6 名男性就會有 1
名，在 65 歲生日時診斷出攝護腺癌，就大約是 330,000 人，
這個數字比網站的數字多了 50%，但還不到不合理。

　　婦女健康問題也能輕易找到類似例子，例如乳癌。以下
的更正啟事例子中，原本的報導搞混了相對比率和絕對比率：

> 「2010 年時，黑人女性的死亡率為每 100,000 人中 36
> 人，白人女性則為 22 人，也就是每 1 名白人女性死亡
> 會相對有 1.64 名黑人女性死亡。這並不是說在田納西
> 州 (Tennessee)，每 1 名白人女性死於乳癌，就會相對
> 有接近 14 名黑人女性死於乳癌。」
>
> ——《紐約時報》，2013 年 12 月

　　死亡率 (mortality rate) 常以每年 1,000 人中有多少人死
亡來呈現，或者像本例中的數字，每 100,000 人中有多少人
死亡。數字呈現了在特定人數的群體中，有多少人預期將死
於特定疾病。上述報導的說法為田納西州每 100,000 名黑人
女性中，會有 36 人死於乳癌，而每 100,000 名白人女性中，
則為 22 人。將 36 除以 22 會得到 1.64，因此田納西州黑人女
性死於乳癌的風險為白人女性的 1.64 倍，並非 14 倍。我猜
「14」這個數字是簡單用 36 減掉 22 得出，而沒有正確計算
兩者的比率。

12.4　2 的次方和 10 的次方

　　許多來自於科技的數字都包含了 2 的次方，原因是電腦使用**二進制系統** (binary number system)，也就是底數為 2 而非 10 的系統。

　　大多數的情況下，二進制和我們的日常生活沒什麼關係，但偶爾還是會用到二進制的概念。事實上，2 的次方和 10 的次方關係密切，可以讓某些計算變得十分簡單。

　　如果計算 2 的 10 次方，也就是 $2 \times 2 \times \cdots \times 2$ 共乘 10 次，結果會是 1,024，只要從 1、2、4、8、16、32……依序往下數，就能得到上述結果。1,024 很接近 1,000，也就是 10^3，2^{10} 比 10^3 多約 2.5%。接下來看看 2^{20}，也就是 2 乘以自身 20 次，相當於 $1,024 \times 1,024$，計算結果為 1,048,576，相較於 100 萬，也就是 10^6 多約 5%。

　　如果繼續計算 2^{30}，會發現結果約比 10 億，也就是 10^9 多約 7.5%。2 的 10、20、30……次方，可以合理近似到 10 的 3、6、9……次方，2 每增加 10 次方，則 10 會增加 3 次方。近似值會越來越不準確，但足以適用於很大的範圍內，例如 2^{100} 僅僅比 10^{30} 多出 27%。

　　在 2007 年出版的《隱藏的邏輯》(The Social Atom) 一書中，作者布侃南 (Mark Buchanan) 提到：「請拿出一張極薄的紙，例如厚 0.1 公釐的紙張。現在假設你將這張紙連續對折

25 次，每次都會讓紙張的厚度加倍。現在紙張有多厚呢？幾乎所有被問到這個問題的人，都嚴重低估最後的厚度。」

　　現在你來試著估算看看吧。當然你可以將 2 乘以自己 25 次，再乘以 0.1 公厘，但也可以使用 2 的次方和 10 的次方的關係來簡化計算：2^{25} 等於 2^5 乘以 2^{20}，而 2^{20} 約等於 100 萬。這並非準確的數字，但已經足以計算出足夠好的估計值。

　　完成這個估算練習後，你可以比較看看你是不是比「幾乎所有人」都還要厲害。我相信答案是肯定的，但還是一起看看結果吧。

　　這裡請先暫停閱讀，試著自己估算出答案……

　　近似值為 3,200 萬乘以 0.1 公厘，相當於 320 萬公厘，也就是 3.2 公里。如果使用 2^{25} 的準確值，也就是 33,554,432，你會發現兩者間基本上沒有差多少，更何況紙張厚度 0.1 公厘，也僅僅是個概略數字而已。「近似值是你最好的朋友」，我會不斷重複這個概念，因為近似值真的非常好用。所有不同正負誤差的小誤差間會互相抵銷，因此近似值能夠讓你輕鬆得到足夠好的答案。

　　上面的例子解決後，還有接下來的另一個例子。喜劇演員賴特 (Steven Wright) 曾以他一貫故作正經的語氣說過：「我有一張美國地圖……和實際美國國土一樣大。地圖上標示：

『比例尺：1 英里 = 1 英里。』我去年花了一整個夏天將地圖折起來。」為了簡化計算，假設地圖長寬皆為 4,000 公里。你要對折幾次，才能將地圖折成長寬各 1 公尺的正方形呢？你可以忽略在真實情況下，一張紙折幾次後就折不動了，這只是一個思想實驗而已。

如果原本的地圖使用約 0.1 公厘厚的紙製作，那麼折好的地圖會有多厚呢？

而估算紙張厚度為 0.1 公厘，有高估或低估太多嗎？還是剛剛好呢？為什麼？你可以觀察影印機附近一疊疊的紙，或是利用本書的厚度和頁數，自行估算紙張厚度。

12.5 複利和 72 法則

> 「富蘭克林 (Benjamin Franklin) 的遺囑中提到，他要留給費城和波士頓各 1,000 英鎊，並且要求這筆基金要以年利率 5% 借出。由於複利的效果，富蘭克林計算出在 100 年後，他留給這兩座城市的遺產，將會分別成長到 131,000 英鎊。」
>
> ——美國教師退休基金會《參與者》
> (*Participant*)，2003 年

富蘭克林在 1790 年去世，因此到了 1890 年，他的遺產

應該增值了不少，但兩座城市的基金都成長到 131,000 英鎊，聽起來金額頗高。這個數字正確嗎？

72 法則 (Rule of 72) 是估算複利效果的經驗法則，用於估算在一系列相同時段中，以固定百分比成長的某個數值。72 法則告訴我們，如果某數值每時段以 x% 複利成長 1 次，則數值倍增所需時間約為 72/x 個時段。例如，如果大學學費每年調漲 8%，則大學在 72/8，也就是 9 年後，學費會是現在的 2 倍。然而如果學費調漲較慢，例如每年 6%，則需要 72/6，也就是 12 年後才會倍增。如果通膨率為每年 3%，則物價會在 24 年後倍增，或者相對來說，你藏在床墊下的私房錢，24 年後能買的東西只有現在的一半。

反過來說，如果給定倍增時間，則可以將 72 除以倍增時間，計算出倍增所需的複利利率。例如，如果一輛新車在過去 12 年價格上漲 1 倍，則價格增加的速度為 72/12，相當於每年 6%。記住幾個這樣的例子，就能夠隨時套用 72 法則。

回到富蘭克林的故事。每年 5% 複利成長的話，倍增時間為 72/5，相當於約 14 年。每 14 年左右，富蘭克林的遺產金額就會變成 14 年前的 2 倍。100 年約能夠翻倍 7 次多（14 乘以 7 等於 98），而 2^7 為 128，因此 1,000 英鎊會增值到 128,000 英鎊。再加上額外幾年複利時間，131,000 明顯是正確數字。如果你能夠使用計算機，就能夠算出準確數字，即 1,000 乘以 1.05^{100}，相當於 131,501。

　　當金錢以複利成長時，成長速度會超過正比於時間的成長速度，因為每一期的利息，都會加到下一期的投資本金中，但人們常常忽視這一點。 我曾聽過一則全國公共廣播電臺 (National Public Radio) 的報導提到，領 20% 的利息 5 年，能夠讓你的錢倍增。只有在你將每年的利息放在床墊下，沒有讓利息產生複利效果時，這樣的說法才正確。72 法則告訴我們，20% 複利的倍增時間約為 3.6 年，實際時間稍微長一點，約為 3.8 年。如果你領取 20% 的複利 5 年，你的錢會成長到原本的 2.5 倍，比全國公共廣播電臺提供的數字還要大。

　　我們必須要小心複利變化和線性變化間的差異。例如：

「阿爾卑斯山的冰川每年會融化總質量的 1%，就算假設融化速度維持不變，在本世紀末冰川就會完全消失。」
　　　　　　　　　　　　　　　——氣候變遷網站，2010 年

　　72 法則告訴我們，如果冰川每年融化 1%，則在 72 年後只會有一半的冰川消失，而在 144 年後則僅會消失 3/4。當然這過度簡化了物理過程，因此原本的說法也很可能正確，單純只是我們不應該使用報導中的錯誤計算方法來得出結論。

　　在思考長期複利問題時，可以想想以下文章：

「因此，德雷克 1580 年帶回家的每 1 英鎊（以 3.5%

的複利累積計算），現在已經成長為 100,000 英鎊。這
就是複利的力量！」

            ——凱因斯 (John Maynard Keynes)
            《我們後代的經濟前景》
(*Economic Possibilities for our Grandchildren*)，1928 年

  你可以試著用 72 法則評判凱因斯計算結果的準確程度。

  如果複利利率設得太高，72 法則的近似值就會出問題，
但就我們生活中會遇到的利率和時段長度來說，72 法則已經
足夠好用。 72 法則同時也假設， 複利利率在整段時間皆一
致。假設利率一致通常十分合理，或者說利率一致前提下，
已經能夠得出足夠合理的答案了。

12.6 指數成長中！

「過去 11 年中，上網人數平均每年翻倍一次，而且預期
在未來 10 年以上的時間，都將繼續呈現指數成長。」
            ——環境議題網站，2001 年

  2001 年出現上述說法的時候，上網人數可能已經達到 1
億人。如果上網人數在 2011 年前持續每年倍增，到了 2011
年上網人數將會超過 1,000 億人。這個數字遠遠超過地球人

口 10 倍，因此不太可能實現。

即使我估計的 2001 年上網人數 「1 億人」，實際上是「1,000 萬人」，每年倍增持續 10 年，上網人數也將達到 100 億人，這依然不可能是正確結果。上網人數雖然還是可能維持指數成長，但倍增時間需要比「每年」還要長。

這則說法讓我們學到兩個重點。第一是報章媒體所謂的「指數成長」(growing exponentially/exponential growth) 其實僅代表「快速成長」，精確的量化意思已經消失。

> 「電池容量每年增加 5% 到 8%，但需求卻呈指數成長。」
> ——報紙上一篇關於電池的報導，2006 年

「指數成長」代表複利成長，簡單明瞭。如果電池容量每年成長 8%，就是一種指數成長，因此容量會在約 9 年後倍增。如果成長速度為 5%，則需要約 14 年才會倍增，但成長速度依然為指數成長。

第二是指數成長不可能一直持續下去，某些事物終將達到極限。

> 「過去 30 年間，我們不斷加強全國的緝毒力度。從尼克森 (Nixon) 政府時期開始，打擊毒品的預算年年倍增。」
> ——網站內容，2005 年左右

尼克森在 1974 年結束執政，就暫且當作在 2005 年這則報導發布時倍增了 30 次好了。回想一下，2^{30} 等於約 10 億。即使尼克森政府最初的預算，只是象徵性的 1,000 美元，到了 2005 年，打擊毒品的預算將會成長到超過 1 兆美元。

打擊毒品的實際預算金額眾說紛紜，但普遍認為每年約在 300 億美元左右。或許作者的意思是「每 10 年」倍增吧？這樣的話就只會翻倍 8 次，看起來比 30 次小了很多，但這才是實際可能出現的狀況。

> 「從 1960 年代開始，瑞士的百歲人瑞人數年年倍增。」
> ——《伊朗日報》(*Iran Daily*)，2015 年

即使在 1965 年時瑞士僅有 1 名百歲人瑞，到了 2015 年也會成長到 2^{50} 名百歲人瑞，整整 1,000 兆人，顯然根本不可能。報導接下來提到：「1941 年時，100 歲以上的人瑞共有 17 人，2001 年時則為 796 人。」也就是說，在 60 年間，百歲人瑞的人數成長為 47 倍。如果報導的時間間隔為 10 年而非每年，則代表 60 年間會倍增 6 次，也就是成長為 64 倍，數字落在合理範圍之內。

12.7 百分比和百分點

> 「他們提到，這將會省下 78 億美元預算中的 1,000 萬
> 美元。這大約略高於總預算 1% 的 1/1,000。」
> ——《明星紀事報》，2015 年 1 月 7 日

處理**百分比** (percentage) 的時候常會出錯，因為百分比涉及到 100 倍，如果錯誤使用的話，結果往往會和正確數字相差 100 倍。首先將上述報導的 78 四捨五入到 100，讓計算變得更簡單。假設預算為 100 億美元，1% 代表的就是 1/100，相當於 1 億美元。1 億美元的 1/1,000 為 10 萬美元，並非 1,000 萬美元。我懷疑這篇報導作者想說的是「1% 的 1/10」。

弄錯百分比導致結果相差 100 倍的情況很常見，但有時快速檢查一下就能發現錯誤。例如：

> 「在之後版本的書中出現的 4,500 份食譜中，他選出
> 了其中 18 份，僅佔了全書內容的 0.004%。」
> ——《紐約客》(New Yorker)，2018 年 3 月 21 日

檢查數字的第一步總是先做簡單的計算。4,500 的 1% 為 45，因此 18 會比 1% 的一半還要少，約為 0.4%。原文中的數字 0.004 與正確數字相差了 100 倍。

　　兩個百分比之間的差值，相當於 1 個**百分點** (percentage point)，例如 5% 和 6% 相差 1 個百分點。百分點又是另一個文字上容易搞錯的例子，類似攝氏 1 度 (1 degree Celsius) 和（上升／下降）攝氏 1 度 (1 Celsius degree) 的差異。《洛杉磯時報》的一篇文章提到，2010 年 12 月，歐巴馬總統的減稅方案將讓社會安全薪資稅 (Social Security payroll tax) 下降 2%；之後的更正啟事提到：「下降 2 個百分點，預扣稅將從 6.2% 降低到 4.2%。」也就是預扣稅下降約 1/3，相當於 33%。

　　《紐約時報》2006 年 9 月的一篇文章提到，某個州的營業稅從 4% 上升到 6%，並稱之為提高了 2%。實際上應該是提高了 2 個百分點，而非提高了 2%，相當於營業稅提高了 50%。人們常常搞不清楚百分點的意義，看到別人使用百分點時需要特別注意，你也應盡量避免使用百分點。

　　從比率轉換為百分比也往往會出差錯：

「人們已經無法認同利用股市作為退休收入來源。目前還在工作的勞工中，每 5 人中僅有 1 人認為，股票和股票型基金能夠提供可觀的退休收入，相較於 2007 年的 24% 有所下降。」

——財務建議網站

　　「每 5 人中僅有 1 人」等於 20%，從 24% 下降到 20%

僅僅只是微幅下降，並不能稱作「已經無法認同」。更明確的
說法會是，　之前有 24% 的勞工偏好將退休基金投資在股市
中，而現在下降到了 20%。

12.8 怎麼上去就怎麼下來，但狀況不同

> 「前任負責人將哈佛捐贈組織擴編 33%，但新負責人
> 將會縮編組織 25%。」
>
> ——《紐約時報》，2009 年 2 月 7 日

　　管理哈佛數十億美元捐贈款的哈佛捐贈組織，擴編又縮
編後，最終人員數將會成長 8%。是這樣嗎？

　　這是提到百分比上下變化時，常見問題的絕佳例子：如
果某個數字增加後又減少回相同數字，其增加和減少的百分
比並不相同。

　　為了了解這個現象，先選定一個具體數字吧，這通常會是
個好方法。假設捐贈組織一開始有 75 人，這個數字可以讓之
後的計算比較簡單。75 人擴編 33% 相當於增加 25 人，也就是
員工增加到 100 人。新負責人上任後，解雇了 100 人的 25%，
也就是 25 人，哈佛捐贈組織的員工人數，回到最初的 75 人。

　　之所以會出現這種有點反直覺的結果，是因為縮編的百
分比，根據的是擴編後的員工人數，而非原本的員工人數。

再看看另一個領域的例子，如果股價下跌了 50%──這種狀況並不罕見──要回到原來的股價，則必須上漲 100%。投資人並不一定都了解這個不幸的事實。

思考一下圖 12.1 的總報酬圖表，這是幾年前由某個共同基金所發布。每條長條都代表該年度相較於前一年的獲利或損失百分比。

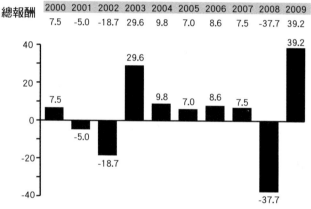

圖 12.1：怎麼上去就怎麼下來

假設我們在 2000 年初投資了 1,000 美元，在 2000 年底會成長到 1,075 美元，而到 2001 年底會變成 1,021 美元，也就是 1,075 美元的 95%。

按照圖表中每年的損益計算，到了 2007 年底，投資金額已經成長到 1,476 美元，績效非常不錯。

不幸的是，2008 年對所有投資人來說，都是腥風血雨的一年，37.7% 的虧損讓投資組合縮水到 919 美元，比 9 年前

的初始金額還要低！

　　2009 年反彈了 39.2% 只讓資產價值回升到 1,280 美元，大約是 2005 年期末的終值（上述所有數字都忽略了通膨的影響）。下跌某個百分比並無法由上漲相同的百分比來彌補，需要特別小心計算百分比時參考的基數。

> 「根據 2008 年的普查資料，學士畢業生的薪資中位數
> 為 47,853 美元，比高中畢業勞工的薪資 27,448 美元，
> 高出 43%。」
> ——伊克塞爾希爾學院 (Excelsior College) 廣告，2010 年

　　47,853 和 27,488 的比率為 1.74，因此學士畢業生的薪資高出高中畢業生 74%，並非 43%。反過來說，27,488 和 47,853 的比率為 0.574，因此高中畢業生的薪資僅有學士畢業生薪資的 57%。原文的「43%」很可能是由 100 減掉 57 得出。

　　正確的結論應該是，高中畢業生的薪資比學士畢業生的薪資還要少 43%。

12.9 結　論

　　我們平時進行數字自我防衛時需要用到的算術，大多十分簡單，只需要用到乘法和除法而已，多練習就會越來越熟

練。例如，在餐廳時該如何計算小費呢？假設帳單是 50 美元好了，請不要使用手機裡的計算機計算。你可以移動小數點計算出 10% 為 5 美元，如果小費是 20%，乘以 2 倍就會得到 10 美元；如果是 15%，加上 5 美元的一半，得到 7.5 美元；如果是 18%，將 20% 小費的金額減掉 10%，得到 9 美元。計算完後再按照你的喜好四捨五入。

近似值是你最好的朋友。你可以將數字四捨五入到相近容易計算的數字，並不會出什麼大問題。雖然並不能說百分之百都成立，但多個近似值互相計算後，通常會收斂到還不錯的答案。如果其中一個近似值太大，通常會有另一個太小的近似值來抵銷誤差。

你也可以保守一點，將近似值無條件進位確保數字足夠大，或是無條件捨去確保數字足夠小。例如，我們估計美國人的預期壽命為 75 年。如果這個估計值太少，則計算出的每年死亡人數會太多，原因是實際上可能必須除以 80 而非 75。美國實際的預期壽命接近 79 歲，因此我們估算的死亡人數、滿 65 歲的人數等等，都會多出約 5% (79/75)。

有許多經驗法則可以幫助你計算，例如涉及複利時，72 法則會特別好用。

使用百分比時要特別小心，如果你沒有注意到數字代表的是比率還是百分比，常常給出的結果會誤差 100 倍。此外，計算百分比時要特別留意使用的基數。

第 13 章
估 算

「美國人每年會丟棄 500 億個瓶裝水的寶特瓶。製作
這些寶特瓶總共要用掉 200 億桶石油，並且排放 2,500
萬噸溫室氣體到大氣中。」

——環境議題部落格文章，2015 年 9 月

本書讀到目前為止，已經花了大量時間評估其他人提供
我們的數字，並且往往會發現許多重大錯誤。當然這是由於
抽樣偏差的緣故，絕大多數數字正確的報導，並不會寫進本
書中，也沒有任何教育意義。

此外也花了不少時間，根據常識或自身經驗，計算出我
們需要的數字。我們接著再練習一些類似計算，就從獨立估
算美國每年使用的瓶裝水寶特瓶數量開始吧。先提出自己的
估算結果是非常好的方法，通常也是評估其他人提供的數字
的絕佳起始步驟，比如說評估上述報導中的數字。

現在就馬上使用你的生活經驗，估算出你所認為的估計
值吧。

13.1 先自己估算結果

這個案例中，由下而上估算是最佳方法。你平常每週會
使用多少個寶特瓶呢？我用得很少，因為平常生活的環境很
少需要攜帶水瓶，我居住的地方很容易取得飲用水，從辦公

室穿過走廊就能找到飲水機。雖然我沒有認真計算過，但我猜我一年中平均使用的寶特瓶數量約為每週 1 個。

　　想想看你自己的使用習慣，並且和認識的人的使用數量比較看看。就你的經驗而言，平常會使用多少個寶特瓶呢？合理範圍可能落在每天 1 個到每週 1 個之間，當然也會有一些人使用的數量特別多或特別少。每週使用 1 個的話，每人每年就是 50 個，因此全美國每年約會使用 150 億個寶特瓶。每天使用 1 個的話，則約為每年 1,000 億個。

　　因此合理的估計值會落在 150 億到 1,000 億個寶特瓶之間。簡單取平均值的話約為 600 億個，但實務上通常會使用**幾何平均數** (geometric mean)，也就是兩數相乘後開根號。本例中，幾何平均數等於 150 億先乘以 1,000 億再開平方根，約為 400 億。由於使用算術平均數計算時，極大的數值會主導結果，所以使用幾何平均數會比較合適。想想看 1,000 和 100 萬的算術平均數，會非常接近 50 萬，而幾何平均數則是 30,000。若我們不確定最大和最小值何者較接近正確答案，使用幾何平均數通常會比較合適。

　　從這個估計值看來，「500 億」聽起來很合理，況且我們也不確定報導中的「丟棄」，是不是包含了「丟棄和回收」的寶特瓶。另外還有其他報導提到，美國人每年會喝掉 90 億加侖的瓶裝水，而每加侖瓶裝水約需要用掉 5 或 10 個寶特瓶容器，計算出的數字與丟棄的保特瓶數量一致。

　　既然已經討論到這裡了，那麼用來製作這些寶特瓶所需的「200 億桶石油」，數字正不正確呢？如果製作 500 億個寶特瓶需要 200 億桶石油，那麼製作 1 個寶特瓶就相當於需要 4/10 桶石油。在第 2 章中我們得知，1 桶石油約為 42 加侖，這意味著光是製作 1 個寶特瓶，就需要用掉 17 加侖的石油！就算這個數字包含了製造過程和運輸時消耗掉的石油，數字也明顯過高。是不是老問題又出現了，報導搞混了百萬和十億這兩個單位了呢？

　　這裡同樣可以試著計算看看，我直接幫大家算好了。假設正確數字是 2,000 萬桶，可以算出製作 1 個重量約 1 盎司（約 30 公克）的寶特瓶，需要約 2 盎司的石油。我不太清楚寶特瓶的製造過程，無法評估過程中需要消耗多少石油，但這個數字和許多網站上找到的資料相符。

　　再試試另一個方法，試著回想第 1 章中提到的例子，我們計算出美國每年所有汽車需要消耗 25 到 30 億桶油。你覺得製作寶特瓶需要用到汽車消耗油量的 6 到 7 倍，這個數字合理嗎？

　　那麼原始報導中的第 3 個數字，製作過程中會排放「2,500 萬噸」溫室氣體到大氣中，這個數字正確嗎？計算後可以得出，製作 1 個寶特瓶約會排放 1 磅（約 0.5 公斤）的溫室氣體。雖然看起來數字有點大，但我也不確定是否合理，大家常常搞混「噸」和「磅」，但這會讓計算出的數字變得太

小，所以應該也沒有單位弄錯的問題。如果要確認這個數字正確與否，則需要更多資訊。

13.2 練習、練習、再練習

提升估算能力的最佳方法就是多練習。日常生活中有超多練習機會，如果你經常練習估算，很快就會進步。對我這種數學迷來說，估算練習十分有趣。

圖 13.1：紐澤西州普林斯頓大學大砲俱樂部 (Cannon Club) 前的大砲

接下來要分享一個我很喜歡的例子。圖 13.1 的照片是坐落在普林斯頓大學某棟建築物前的一門大砲。據說這門大砲

是華盛頓 (George Washington) 在 1777 年普林斯頓戰役後留下，然後在 1812 年英美戰爭時北遷到 15 英里遠的新布藍茲維省 (New Brunswick)，最後又在 1838 年送回了普林斯頓。大部分的學生每週都會經過大砲好幾次，甚至一天內就會經過很多次。

大砲就在大家眼前，但大家卻視若無睹。多年以來，我都會在課堂上請學生估算大砲的重量。因為你可能沒有親眼見過大砲，以下是一些大砲的資訊。大砲長約 10 英尺（約 3 公尺）、尾端直徑約 24 英寸（約 60 公分）、砲口直徑約 15 英寸（約 40 公分）。大砲發射的可能是 6 英寸（約 15 公分）砲彈。

大砲多重呢？請暫停閱讀，自己估算出一個答案，然後我們再繼續討論。

許多年來我已經詢問過很多學生這個問題，並且得到差距甚遠的各種答案。目前聽過的最大估計值為 300,000 磅（約 135 噸）！最小估計值為 50 磅（約 20 公斤）！合理的數字應該是多少呢？

我個人的估計是，大砲長 10 英尺，如果忽略中間空心的部分，砲管截面的平均面積約為 1 英尺乘 1 英尺，因此無論砲管是用什麼做的，體積大約是 10 立方英尺。1700 年代，砲管是以鑄鐵製成。我還記得大學時期學過一個非常實用的工程數字，鐵的密度約為每立方英尺 450 磅，因此大砲約為

4,500 磅重。

　　如果你偏好用公制單位計算，則大砲長約 3 公尺，砲管截面平均面積約為 1/3 公尺乘 1/3 公尺，體積相當於 1/3 立方公尺。鑄鐵密度約為每立方公尺 7,500 公斤，因此大砲重量約為 2,500 公斤，相當於 5,500 磅，兩個估計值相差不到 20%。大砲的所有尺寸我都只是抓個近似值，因此這兩個數字已經足夠接近。

　　如果你完全不知道大砲的製作材料，更別說大砲的密度的話，該怎麼辦呢？可以肯定的是，大砲密度肯定比水大，原因是大砲無法浮在水上。大砲需要依靠多名士兵或馬匹搬運，密度應該頗大。水的密度略大於每立方英尺 60 磅，這個數字也十分實用。因此如果鑄鐵密度是水的 5 倍，則計算出的重量會是 3,000 磅。

　　我先前提到的極端數字，很可能只是某些學生因為被要求要給出一個答案，所以才胡亂寫下一個數字，並沒有經過任何思考計算。反向推理可知，如果大砲重量只有 50 磅的話，則光是美國獨立戰爭時期的任何一名普通士兵，都至少可以挾著一門大砲走一段距離了。

　　你一定聽過「群眾的智慧」這個說法，群眾的智慧認為，若一群人獨立估算某件事物，估計值的平均數會非常準確。

　　我在大砲的問題中，確實能夠感受到群眾的智慧。雖然有些學生會給出非常離譜的離群值，但中位數落在 2,000 磅

左右，雖然偏低但不會太誇張，平均數則約為 5,000 磅，比較準確，但原因是受到過大的離群值影響。圖 13.2 呈現出我其中一班學生給出的估計值，已先根據估計的重量大小排序。中位數為 2,000 磅，平均數為 4,240 磅。

　　我真的不知道大砲的實際重量。我曾經問過一位在歷史系任教的朋友，但朋友也不知道，他告訴我：「歷史學家不會測量數據，我們只講故事。」然而我認為朋友只是為了誇飾效果，刻意淡化了定量資料對歷史學家的重要性。另一位喜愛軍事歷史的朋友則做了一些研究，就目前我和他所能得到的資料顯示，這門大砲是英國的 24 磅砲，重量很可能在5,000 磅上下。

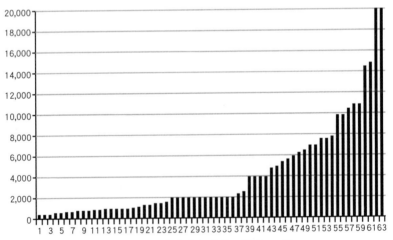

圖 13.2：大砲重量的估計值（單位：磅）

13.3 費米問題

「芝加哥有多少位鋼琴調音師？」

—— 費米 (Enrico Fermi)

　　費米是一名物理學家，出生於義大利，為了逃離法西斯主義，在 1938 年時移民到美國。費米曾獲得 1938 年諾貝爾物理學獎，1942 年時在芝加哥大學 (University of Chicago) 建造了第一座核反應爐，費米是曼哈頓計畫 (Manhattan Project) 的重要成員，他和團隊成員在 1945 年製造出第一顆原子彈。

　　費米的其中一項才能是，他能夠在未掌握充分資訊的情況下，極其準確估算出量值。現在這類估算問題稱為**費米問題** (Fermi problems)，而估算芝加哥有多少位鋼琴調音師，便是一個典型例子。費米問題有時也稱為「信封背面」(back of the envelope) 問題，原因是只需要拿一支筆和一張紙，就能解出這些問題。

　　費米問題經常出現在物理和工程課程中，能夠幫助學生學習做出合理假設及算出近似值，並且能得出正確量級的答案。大部分的費米問題都比日常生活會遇到的問題還要專業，但估算的精神和方法並無差異。最大的差異在於，計算日常生活問題的答案時，我們並不需要根據專業知識做出太多猜測。

　　以下是我多年來使用的一些例子，或者擷取了其他人提出的例子。學生告訴我這類問題有時會出現在工作面試中，特別是金融或顧問這些準技術的職業，因此練習這類問題十分有幫助。在閱讀這些問題時，試著估算出你的估計值，接著我會提供我的估計值。

　　● 在特定空間中，例如橄欖球場或英式足球場，如果人與人之間維持正常距離站立，能夠容納多少人？這個問題可以讓你練習估算集會或抗議等公眾活動的人數，官方的估計值有時並無法得到所有人認同。針對 2017 年 1 月川普的總統就職演說參與人數，川普的估計數字比起其他更公正來源的估計數字，還要大上 2、3 倍。

　　● 每年秋天，如果我要將草皮上的樹葉清乾淨，我需要耙掉多少片葉子呢？每次耙葉子總感覺有數十億片，但我可以在耙葉子時順便估算看看葉子數量，渡過這段無趣的時光。我家總共有 6 棵橡樹和楓樹。

　　● 如果將資料儲存在圖 13.3 中看到的標準筆電硬碟中，則你所在的房間可以儲存多少 PB（拍位元組）的資料呢？請忽略電線、電源等等物件佔用的體積。我在為非資訊系學生開設的基礎計算機課程中，會提出這個問題。

　　● 你的身體表面積是多少？

　　● 1 輛運鈔車可以載運多少現金?這個問題取自富蘭克林歐林工程學院 (Olin College of Engineering) 教授馬哈詹

(Sanjoy Mahajan) 的一本書籍草稿中提到的估算問題。

● 一輛校車中可以塞進多少顆高爾夫球呢 ? 據說這是 Google 面試的一道題目,但我問過很多 Google 的技術人員,都對此抱持懷疑態度。

● Google 團隊要在你的國家開多遠的路,才能拍攝所有街景服務的照片?需要消耗多少汽油?需要花多少時間?儲存的資料量有多大?需要花多少錢?

圖 13.3:能儲存數個 GB(吉位元組)的筆電硬碟

13.4 我的估計值

　　你有先自己試著估算看看嗎？這是很好的練習，也能夠評估你的估算能力，如果我們的答案截然不同，那一定有什麼地方搞錯了，了解弄錯的地方也能帶給你幫助。閱讀我的估算方法時，請注意計算簡化的狀況，並且問問自己是否有辦法更精確計算。

　　● 能夠容納多少人呢？如果每個人之間相距 1 碼或 1 公尺，則每個人會佔據 1 平方碼或 1 平方公尺空間。橄欖球場大小為 100 碼長、50 碼寬，因此能容納 5,000 人。人與人之間如果站得更近，則容納的人數會增加，利用第 6 章中關於面積的討論，應該就能輕鬆計算出結果差異。

　　● 有多少片葉子呢？假設樹木是一個 40 英尺乘 40 英尺乘 40 英尺的大箱子，上方和側面都覆蓋著葉子。因為葉子需要陽光，因此會在最外層，而不會在箱子裡面。表面積為 5 乘 40 乘 40，等於 8,000 平方英尺。如果一片葉子的大小為 4 英寸乘 4 英寸，則 10 片葉子覆蓋大小為 1 平方英尺，因此每棵樹有 100,000 片葉子。我家只有 6 棵樹的話，很可能把的葉子遠遠不到 100 萬片，但感覺則是遠遠超出百萬片。

　　● 可以儲存多少 PB 的資料呢？我所在的房間大小約為 15 英尺乘 15 英尺乘 8 英尺，大約是 2,000 立方英尺。一顆硬碟長寬約為 3 英寸乘 4 英寸，因此 10 顆硬碟的面積相當於 1

圖 13.4：數十億片葉子？

平方英尺。如果每顆硬碟高 1/4 英寸，則 50 顆硬碟高 1 英尺。因此每 1 立方英尺可以塞下 500 顆硬碟，乘以房間大小 2,000 立方英尺，得到房間總共可以塞下 1,000,000 顆硬碟，也就是 10^6 顆。如果筆電硬碟容量為 1 TB （兆位元組，10^{12}），則塞滿房間的硬碟總共可以儲存 10^{18} 位元組，相當於 1,000 PB，也就是 1 EB （艾位元組）。如果硬碟容量沒那麼大，算出來的結果會比較小，例如假設硬碟為 500 GB，則結果會是 0.5 EB。

• 身體表面積呢？為了方便估算，我將自己的身體想像成一個高 2 公尺，長寬各為 1/4 公尺的長方體。忽略上下平面面積的話，剩下 4 個平面大小各為 0.5 平方公尺，因此我

的身體表面積為 2 平方公尺。這個估算方法明顯嚴重過度簡化，但我向你保證，我真的是這樣計算的。然後我到 Google 確認了結果，第一個搜尋結果（medicinenet.com 網站）提到：「成年男性平均身體表面積：1.9 m^2；成年女性平均身體表面積：1.6 m^2」。你可以試試看使用不同的身體形狀，觀察估計值如何隨著假設的詳細程度，以及是否符合真實身體形狀而改變。

● 可以載運多少現金呢？這個問題類似房間可以儲存多少 PB 資料的問題。50 張紙鈔的厚度約為 1/4 英寸，每平方英尺約可塞下 12 疊紙鈔，每平方英尺內 1 英寸厚的紙鈔約為 2,000 張，相當於每立方英尺 20,000 張。如果運鈔車容量為 5 英尺乘 5 英尺乘 10 英尺，大約是 250 立方英尺，就能裝下 5,000,000 張紙鈔。如果運送的是 20 美元紙鈔，則總金額為 1 億美元。這個分析忽略了重量，這麼多的紙鈔可能會太重，導致運鈔車無法運送，更別提如果還有搶匪要坐的話，空間就會更小了。馬哈詹也估算出相近的數字，此外還提供了一些有用的資料來對照，例如一般的運鈔車搶案，大約會劫走 100 萬到 300 萬美元。

● 能塞下多少顆高爾夫球呢？一輛美國的校車大約會是 30 英尺長、6 英尺寬、6 英尺高，因此體積約為 1,000 立方英尺。因為只是估算而已，可以將高爾夫球視為邊長 1 英寸的立方體，因此每立方英尺可以塞下 2,000 顆高爾夫球，整輛

巴士約可塞下 200 萬顆高爾夫球。詢問年輕小孩這個問題十分有趣,他們比我有更多搭校巴的經驗。小孩會因為「座位還在嗎?」這類估算中可以忽略的問題,導致在過程中有所遲疑,但一旦他們掌握了估算的精神,就能做得很好。

• Google 開了多遠的路呢?粗略估算下,美國可以視為3,000 英里寬、1,500 英里高。如果東西和南北向每間隔 1 英里就會有 1 條路 ,則會有 1,500 條長 3,000 英里的東西向道路,以及 3,000 條長 1,500 英里的南北向道路,道路總長 900萬英里。這個簡化的模型如果用來估算城市的道路明顯過於稀疏,但以美國中部大部分的地區來說並不會差太多(我和在 Google 工作的朋友閒聊過這個話題,他認為這個估計值太大,但誤差不會超過 3 倍)。你可以自己根據油價、使用數位相機或手機相機等等的經驗,試著估算看看其他數值。

13.5 記住常用數字

如果你能夠根據實際知識估算,你的估計值就會更準確。因此,記住各種物理常數和轉換係數十分重要,像是某些物體的重量、大小,以及某些事物要花費的時間。

我將我所記憶的清單列在圖 13.5 了。除了我列出的數字外,我還記住了各式各樣有趣資訊,例如各個地理區域的人口和面積,以及某些重要日期。你的清單必定有所不同,但

一些基本的重量、測量值和轉換係數，很可能對所有人來說都十分重要。在你做過更多估算後，就會整理出自己的清單，能夠幫助你之後更容易進行估算。

---

1 加侖的水重 8 磅

1 立方英尺的水重 60 磅

1 立方英尺的石頭或混凝土重 200 磅；

鬆散的泥土重 100 磅；金屬重 400 磅

1 公升略微超過 1 美制（液體）夸脫

1 公斤為 2.2 磅

1 美噸為 2,000 磅；1 公噸為 1,000 公斤或 2,200 磅

1 公尺略微超過 3 英尺或 1 碼

1 公分為 4/10 英寸

1 英里為 1.6 公里

MP3 音樂每分鐘大小為 1 MB（百萬位元組）；

CD 音訊每分鐘大小為 10 MB

每度電價格為 10–20 美分

光速為每奈秒 1 英尺

聲速為每秒 1,000 英尺

每小時 60 英里相當於每秒 88 英尺

1 天有 100,000 秒、1 年有 3,000 萬秒

1 年有 250 個工作天，相當於 2,000 小時總工時

圖 13.5：一些實用的約略數字

13.6 結 論

　　嘗試練習估算後，你會發現估算其實比你想像的還要簡單。由於誤差彼此間會互相抵銷，估算會採用近似值計算，你所假設的數字不必完全準確，只需要足夠合理就可以，因此估算其實十分簡單。

　　完成估算後可以試著檢查估計值正不正確，你可以使用另一組獨立假設和計算，得出另一個估計值，或者是利用網路資源檢查結果。然而只有自己先練習過估算，才能不斷進步。一旦養成了估算習慣，就能夠快速進步，甚至還會發現估算過程非常好玩。

　　我有一位朋友，在將商品放到購物車中時，會不斷在心中計算商品總價格，精確到 1、2 美元。在結帳時，如果他估算的總價格和收銀員算出的數字相差太多，就很可能是某件商品重複計算了 2 次，或是某件商品沒有計算到。有時這個習慣能幫他省到錢，就算沒省到錢也能提升他的算術能力，這是很好的練習。這也是一個約略算術的好例子：將商品價格四捨五入到整數美元價格，各商品的價格差異加總後會互相抵銷，因此總額誤差很少會超過 1、2 美元。

第 14 章
自我防衛

「數盲，無法自在應用數字和機率的基本觀念。困擾
許多除了數學以外知識淵博的公民。」
　　　　　　　──保羅斯 (John Allen Paulos)《數盲》
　　　　　　　　　　　　　　(Innumeracy)，1988 年

在先前 13 章的內容中，我們已經學到了很多知識，我希
望你能更自在應用數字和機率的基本觀念。在讀完本書，做
好自我防衛的充足準備前，我要幫大家做最後的總結，並且
提供一些一般性的建議。

14.1 認清敵人

隨時注意暗示某些數字、計算或結論很可疑，值得特別
關注和懷疑的警訊。

根據我找到的例子來看，很可能有上百萬，甚至數十億
個案例搞混百萬 (million)、十億 (billion) 和其他 1,000 的次方
的單位。每當看到一個看似過大或過小的大數字時，試著將
數字換算成會對你個人產生影響的層級，也就是估算你在大
數字中分配到的比例，並且連結到你的生活和經驗中。這通
常能讓你更容易評估大數字是否合理。如果你分配到的國債
或預算，只要錢包裡的幾張鈔票就能付得起，鐵定有什麼地
方搞錯了。

　　過度精確是另一個可疑警訊。在日常生活中，要取得收入、營收、成本、預算、變化率、人口等等量值的精確數字十分困難，甚至完全不可能，因此如果這類資料給出太多位有效數字的大數字，則實際精確程度肯定比資料提供者聲稱的還要低。過度精確可能是為了讓人留下深刻印象，也可能是盲目使用計算機得出的結果，而在美國，則往往是因為直接轉換公制單位到英制單位造成。仔細觀察計算後，你就能察覺常見的轉換係數問題，並且搞清楚這些數字到底出了什麼差錯。

　　小心計算錯誤。計算時很容易會出錯，如果你使用計算機或手機計算數字，只要胖手指按錯一個數字，就可能讓全部的計算變得毫無意義。然而，如果你預先估算了某件事物的數量級，就能夠當作獨立結果來評估計算出的數字。因此，在開始實際計算之前，請先想想可能的合理答案。你應該要有能力估算出誤差 10 倍以內的數字。

　　當然，錯誤的單位和維度也會造成問題。英尺和英里、加侖和桶、每天和每年，差異都十分大。閱讀本書的過程中，已經看到過許多這類錯誤的例子。有時你可以利用反向推理找出錯誤，如果錯誤單位和正確單位差距足夠大，就會計算出毫無道理的結果。

　　維度錯誤也同樣可以利用反向推理找出，小心搞混平方單位和單位的平方的錯誤 。 這是最常見也最容易搞混的錯

誤，而你還可以透過思考維度，找出其他的錯誤。面積是兩長度的乘積，因此單位為長度平方，而體積單位則為長度立方。你可以忽略數字並專注檢查單位是否正確，就能夠找到這類問題。

14.2 注意資料來源

雖然我們看到的許多數字問題，都僅僅只是粗心大意的錯誤或沒有仔細思考的結果，但有些數字卻是刻意誤導和扭曲的結果。因此明智的作法就是，每次都要想想資訊的來源。他們想要說服你什麼？動機是什麼？想要你相信什麼？想要向你推銷什麼？是誰付錢傳送這些訊息給你的？

藉由糟糕的統計方法或欺騙性的呈現方式，就像在第 10和 11 章中看到的某些圖表，就能夠製造扭曲的資訊。當然也可能包含了統計的缺陷，例如抽樣偏差和倖存者偏差。許多人將相關性理解為因果關係，因此不明不白就誤入歧途，當然如果要刻意誤導的話，將相關性連結到因果關係也是常用伎倆，足以讓人相信還未經證實的因果關係，甚至完全不正確的結論。

因此你該詢問的關鍵問題是：資訊是由誰提供？這些資訊提供者屬於哪些機構？為什麼他們在意這些事？他們從哪裡得到資料？他們如何推導出結論？

當你看到資料時，問問自己資訊提供者「有辦法」得知這些結果嗎？許多事物都無法得知確切數字，有些甚至完全無法得知，因此如果數字最多只能估算概略的近似值時，你就必須小心某些人聲稱的準確度和精確度。

雖然外行人很難評估複雜的專業問題，例如各種物質對氣候變遷或健康的影響，但注意資訊來源往往很有幫助。西賽羅 (Cicero) 在 2,000 年前寫下的拉丁短句「cui bono?」（對誰有好處？），到了現在還是一樣有用。

14.3 記住一些數字、事實和速算法

如果你知道一些真正的事實，就能夠更容易檢查其他人告訴你的「事實」。你至少必須知道某些人口、比率、大小、面積等等數字。我看過很多人列出過「你必須知道的數字」，我也有自己的清單，並且不斷增加中，清單中的許多數字在先前的章節也都提到過。

知道地球、你的國家、州或省，以及城鎮或城市大約的人口數，將能幫助你計算出很多數字。地球的人口約為 70 億或 80 億，取決於你是採用無條件捨去還是進位。為了避免見識過於狹隘，你也可以記住其他國家或城市的類似數字。我發現了解各個國家和城市的面積也十分有用。

物理常數和轉換係數也十分重要。住在美國的每個人，

都應該要能夠在英制和公制單位間轉換，如同前面的章節所提到，盲目轉換會導致過度精確的數字，甚至完全錯誤的數字。

此外也要學習約略算術，這能夠讓你快速確認其他人提供的數字。我曾經看過這樣一個句子：「本書中，$2 \times 2 \times 2$ 幾乎永遠等於 10。」使用簡化的算術非常好，25% 誤差並不會造成大問題，況且各個正負誤差間很可能會互相抵銷。再舉一個類似例子，我的朋友曾告訴我他在物理中學到的兩個簡化公式：2 等於 1，但 10 不等於 1。

至於算術技巧和速算法的話，請記得利特爾法則、72 法則，以及 2 的次方與 10 的次方的關係，在計算複利問題時會十分方便。

請務必熟悉科學記號的使用方式。科學記號是處理大數字最好的方法，使用科學記號就能避免使用許多文字的複合詞組，例如「百萬百萬兆」(million million trillion)。在科技的領域中，則最好要了解 M（百萬）、G（吉）、T（兆）等前綴詞。

14.4 利用你的常識和經驗

在最後的分析步驟中，你腦袋中的記憶就是你最強的防衛工具。常識能夠在自我防衛中提供你最大的幫助，如果再

加上真實世界的事實和你自己的經驗和直覺，效果會更好。

　　問問自己：數字是不是太大或太小，還是剛剛好？數字合理嗎？如果數字正確，代表什麼意義呢？

　　務必自己估算結果。無論估計值多麼粗略，都能夠幫助你評估其他人的說法，多練習就能夠進步，在估算過程中也能夠獲得一些樂趣。

延伸閱讀

　　有許多關於識數和數盲的好書。我最喜歡的一本是赫夫的著作《別讓統計數字騙了你》。這本書於 1954 年出版，但時至今日仍然極具閱讀價值。如果你只想讀一本相關主題的書籍，就選這本吧。

　　達拉瓦大學 (University of Delaware) 的社會學家貝斯特，也寫了三本相關主題的好書：《該死的謊言和統計數字》（2001 年出版）、《更多該死的謊言和統計數字》（*More Damned Lies and Statistics*，2004 年出版），以及《發現統計陷阱》（*Stat-Spotting*，2008 年出版）。三本書的副標題分別為：「解讀媒體、政治人物和行動主義者提供的數字」(Untangling numbers from the media, politicians, and activists)、「數字如何呼嚨公共議題」 (How numbers confuse public issues)，以及 「辨識可疑資料的現場指南」 (A field guide to identifying dubious data)，告訴我們作者書籍中想要強調的重點。我在第 11 章中提出的小孩和槍械的例子，就是取自於貝斯特的書籍，這些例子隨後又有許多其他人提及。

　　賽弗 (Charles Seife) 的 《數字是靠不住的》 (*Proofiness*) 一書寫得超棒。書名惡搞了美國諷刺電視節目《科拜爾報告》(*The Colbert Report*) 中創造的單字 「Truthiness」（感實性）。維基百科中提到：「感實性與事實和邏輯無關。對一事物之感實性的唯一衡量是單以直覺來感受此事物有多正確或可信。」「Proofiness」（譯註：英文 proof 有 「證明」 之意）也是類似意思，只是應用在數字上。

保羅斯的《數盲：數學無知者眼中的迷惘世界》(*Innumeracy: Mathematical Illiteracy and its Consequences*) 出版於 1988 年，直到現在依然是很棒的參考資源。「數盲」一詞並不是保羅斯所創造（這個詞彙的起源可以追溯到 1959 年以前），然而是他的這本書籍，讓大家認識了這個詞彙，並且讓人們意識到，不了解基本算術和統計學所要付出的代價和承受的風險。我也很喜歡保羅斯撰寫的另一本書《數學家讀報》(*A Mathematician Reads the Newspaper*，1996 年出版)。

溫斯坦 (Lawrence Weinstein) 和亞當 (John Adam) 出版於 2008 年的《速算力——比算出標準答案更實用的思考術》(*Guesstimation－Solving the World's Problems on the Back of a Cocktail Napkin*) 一書中，提到許多有趣的估算問題，書籍裡用一整頁描述一個問題，並且在下一頁提供解答。如果你喜歡費米問題，《速算力》一定會合你的胃口。第二版的《速算力 2.0》(*Guesstimation 2.0*) 則是在 2012 年出版。

線上漫畫網站 xkcd 的作者門羅 (Randall Munroe) 撰寫的《如果這樣，會怎樣？：胡思亂想的搞怪趣問，正經認真的科學妙答》(*What If?: Serious Scientific Answers to Absurd Hypothetical Questions*) 一書非常有趣，提出某些超詭異問題合理估算方法的精彩例子。例如：需要多少塊樂高 (Lego) 積木才足以建造一座從倫敦到紐約的交通橋梁？

最後也歡迎各位讀者造訪本書網站 millionsbillionszillions. com，網站中將提供更多例子和建議。

圖片來源

1.1 Shutterstock

2.1 Emma Burns 繪

3.1 Emma Burn 繪

4.1 Shutterstock

5.1 Shutterstock

6.1 Brian W. Kernighan.

6.2 Brian W. Kernighan.

6.3 Brian W. Kernighan.

6.4 Emma Burns 繪

7.1 Brian W. Kernighan.

7.2 Brian W. Kernighan.

8.1 三民書局

8.2 Shutterstock

8.3 三民書局

8.4 Brian W. Kernighan.

8.5 Brian W. Kernighan.

8.6 Rhymes With Orange©Hilary B. Price-Distributed by King Features Syndicate, Inc.

8.7 DILBERT©2008 Scott Adams. Used By permission of ANDREWS MCMEEL SYNDICATION. All rights reserved.

9.1　Mark Zuckerberg/Facebook.

9.2　Randall Munroe, xkcd. This work is licensed under a Creative Commons Attribution-NonCommercial 2.5 License. Source: http://xkcd.com/522/.

10.1　Brian W. Kernighan.

10.2　Brian W. Kernighan.

10.3　SEC S-1, October 2013.

10.4　SEC S-1, October 2013.

10.5　National Center for Health Statistics.

10.6　Brian W. Kernighan.

10.7　Fox News.

10.8　Princeton University press release, 2016.

10.9　Brian W. Kernighan.

10.10　Brian W. Kernighan.

10.11　Graduate News. Summer 2001 issue.

10.12　Ebirim, C., Amadi, A., Abanobi, O. and Iloh, G. (2014) "The Prevalence of Cigarette Smoking and Knowledge of Its Health Implications among Adolescents in Owerri, South-Eastern Nigeria." Health, 6, 1532–1538. Copyright© 2014 Chikere Ifeanyi Casmir Ebirim, Agwu Nkwa Amadi, Okwuoma Chi Abanobi, Gabriel Uche Pascal Iloh et al. This is an open access article distributed under the

Creative Commons Attribution License, which permits unrestricted use, distribution, and reproduction in any medium, pro-vided the original work is properly cited.

10.13 American Cancer Society, Inc. Surveillance Research-2012.

11.1 Bureau of Labor Statistics.

11.2 Brian W. Kernighan.

11.3 Reuters/Florida Department of Law Enforcement http://graph-ics.thomsonreuters.com/14/02/US-FLORIDA0214.gif.

12.1 American Funds.

13.1 Dimitri Karetnikov 攝

13.2 Brian W. Kernighan.

13.3 Brian W. Kernighan.

13.4 Shutterstock

從算術到代數之路
讓 X 噴出，大放光明（三版）
蔡聰明著

★此書為鸚鵡螺數學叢書的入門書籍，小學高年級即可閱讀，成為從小培養數學興趣的墊腳石。

★本書不單只提到數學知識，更注重數學的歷史人文，可以培養學生的數學素養，符合 108 課綱精神。

★數學不能光看不練，本書提供完整的例題及習題，可以檢驗學習成效。

國中生學習數學有兩個大挑戰，先遇到了代數，再碰見三角。本書能夠輕鬆的帶領國小國中學生征服國中代數學，補足國中教科書的不足。極力推薦國中小學生閱讀，提升自我的數學能力。

數學故事讀說寫
敘事・閱讀・寫作
洪萬生著

★培養數學閱讀素養，從這本書開始
針對 108 課綱對於數學素養的教育推廣，本書探索各種數學史的面貌，沒有艱深的數學內容，而是帶領讀者如何閱讀與欣賞，甚至進一步利用寫作方式來理解數學。不論是大朋友還是小朋友，只要喜歡閱讀、懂得閱讀，都千萬不能錯過！

★數學素養的教師手冊，學習歷程的製造機
藉由書中各式傳記、小說的介紹以及作品賞析，老師在課堂上教學時，不但能帶給學生更有趣的數學知識內容外，更能增加學生對於數學學習的興趣，有效培養數學的閱讀素養。

學生可以從書中介紹的相關書籍，挑選有興趣的數學內容，並配合書中的引導，進而研讀寫出完整的閱讀心得或是知識探討的報告，輕鬆製作出「學習歷程」；當然，如果充滿創作想像的話，更可以藉由書中對於寫作的建議與提示，寫出最獨特的「數學小說作品」！

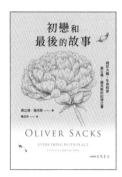

初戀和最後的故事
關於大腦、生命和愛，奧立佛·薩克斯的記憶之書

奧立佛·薩克斯 (Oliver Sacks) 著；羅亞琪譯

從蕨類、頭足類到精神病，從青春記憶到對 21 世紀人類的盼望，此書集結薩克斯醫師未曾出版的書稿，讓想念他的讀者們，有機會再次透過細膩且精采的文字，感受作者對於科學與宇宙萬物的廣大好奇心，喚起我們曾經熱愛的興趣和夢想。

「我正在面對自己即將離世的事實，必須如此相信——相信人類和地球會存活下去，相信生命會繼續，相信這不會是我們的終點。」

薩克斯在人生的最後，也不忘對 21 世紀的人類生活提出省思，從紙本書之必要、科技冷漠、資訊過量的批判，談到外星生命、攝影技術、新元素的發明等。我們不得不佩服他無窮的好奇心和智慧，也慶幸自己生在奧立佛·薩克斯的時代，有這麼一位熱衷於思考和寫作的大師，留給世人如此珍貴且精彩的作品。

我的第一本元宇宙指南

金相均、吳丁錫著；黃莞婷譯；趙丙玉繪

【臺灣第一本全面解釋元宇宙的科普讀本】
我們常常聽到元宇宙，但元宇宙究竟是什麼呢？探索元宇宙，就像一場尋寶遊戲！每個人都能在元宇宙擁有一個新的身分、探索各種未知的領域。元宇宙豐富了人們的生活，但也潛藏值得我們深思的議題。在元宇宙裡共同營造良好的環境，是未來公民必學的課題。

人為什麼要找理由？
21 世紀社會學之父的理由學，推動人際關係建立與修復的祕密

查爾斯‧蒂利（Charles Tilly）著；林怡婷譯

我為什麼找不到工作？你怎麼沒提分手就搞失蹤？
法官判決為何不管人情世故？九一一事件為什麼會發生？
專家講話怎麼都那麼複雜？你最近為什麼都不理我？
犯罪率為什麼居高不下？……我只是需要一個理由！

這是一本關於人們為什麼提出理由，以及如何提出理由的書。當我們想要改變關係時，或許可以從改變理由開始。

★ 21 世紀社會學之父的理由學：人們會找理由，與社會關係密不可分
★ 引用大量故事、案例，帶領讀者從日常生活中理解社會學
★ 全球獨家收錄《異數》、《引爆趨勢》作者麥爾坎‧葛拉威爾重磅導讀

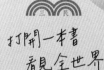

國家圖書館出版品預行編目資料

一輛運鈔車能裝多少錢?：輕鬆培養數感，別再被數字迷惑／布萊恩·柯尼罕著;劉懷仁譯.——初版一刷.——臺北市: 三民，2023

面；　公分.——（Vision+）

譯自：Millions, billions, zillions: defending yourself in a world of too many numbers

ISBN 978-957-14-7635-3　（平裝）

1. 數字 2. 數學

310　　　　　　　　　　　　　112005835

VISION⁺

一輛運鈔車能裝多少錢？

輕鬆培養數感，別再被數字迷惑

作　　者	布萊恩·柯尼罕 (Brian W. Kernighan)
譯　　者	劉懷仁
責任編輯	陳嘉萱
美術編輯	古嘉琳

發 行 人	劉振強
出 版 者	三民書局股份有限公司
地　　址	臺北市復興北路 386 號 (復北門市)
	臺北市重慶南路一段 61 號 (重南門市)
電　　話	(02)25006600
網　　址	三民網路書店 https://www.sanmin.com.tw

出版日期	初版一刷 2023 年 6 月
書籍編號	S890970
I S B N	978-957-14-7635-3

三民書局